长荡湖鸟类图谱

江苏省金坛长荡湖旅游度假区管理办公室　编著

南京出版传媒集团 南京出版社

图书在版编目（CIP）数据

长荡湖鸟类图谱 / 江苏省金坛长荡湖旅游度假区管理办公室编著. -- 南京：南京出版社, 2025. 3.

ISBN 978-7-5533-5190-2

Ⅰ. Q959.708-64

中国国家版本馆CIP数据核字第2024E428P0号

书　　名　长荡湖鸟类图谱
作　　者　江苏省金坛长荡湖旅游度假区管理办公室
出版发行　南京出版传媒集团
　　　　　南 京 出 版 社
社　　址　南京市玄武区太平门街53号
邮　　编　210016
联系电话　025-83283873、83283864（营销）　025-83112257（编务）

策划统筹　潘　珂
责任编辑　潘　珂
装帧设计　赵海玥
责任印制　杨福彬

排　　版　南京新华丰制版有限公司
印　　刷　南京爱德印刷有限公司
开　　本　787 毫米 × 1092 毫米　1/32
印　　张　7.875
字　　数　150千
版　　次　2025年3月第 1 版
印　　次　2025年3月第 1 次印刷
书　　号　ISBN 978-7-5533-5190-2
定　　价　70.00 元

编　委　会

序

长荡湖是江苏十大淡水湖之一，系古太湖分化湖，太湖流域第三大湖泊，晋时即有长塘之名，在郦道元《水经注》中被称为“五古湖”之一。长荡湖总面积为92.89平方千米，其中90%以上在金坛境内，湖区平均水深1.2～1.5米，是太湖流域上游最重要的过水调蓄性通道，属典型的浅水草型湖泊。

2015年3月经江苏省人民政府批准，江苏省金坛长荡湖旅游度假区设立为省级旅游度假区，位于上海大都市圈、南京都市圈、苏锡常都市圈交汇处，总面积143.8平方千米，其中水域面积87.3平方千米。长荡湖旅游度假区紧扣长荡湖由生产型向生态型、休闲型转变这一主题，全域规划、精心布局，2016年12月，江苏金坛长荡湖国家湿地公园被国家林业局列入国家湿地公园（试点）名单，2018年12月正式被国家林业与草原局授牌批复成立。湿地公园规划与建设以长荡湖水生态、湿地生态系统保护、恢复为核心，规划总面积79.69平方千米，共分为五大功能区：生态保育区3781公顷，恢复重建区3955公顷，合理利用区104公顷，宣教展示区87公顷，管理服务区42公顷。

近年来，长荡湖旅游度假区围绕保护水生态，确保水安全，打造生态湿地样板，累计投入约70亿元，实施长荡湖湿地修复工程、网围清退工程、废弃船舶整治工程、生态清淤工程、周边出入湖河道综合整治工程及沿湖房屋动迁与沿湖企业收储、扩湖调蓄工程（增加湖区湿地面积）、长荡湖水环境修复工程等一系列生态治理项目，长荡湖水环境明显得到改善，长荡湖总磷、总氮含量明显降低，湖心区总磷含量保持在0.06～0.08mg/L之间，湖心区透明度从原来的0～0.2米提升至1.3~1.5米。长荡湖入湖港口（白石港、方洛港、大浦港）等湖滨区水草开始自然恢复生长，水生动植物群落显著增加，有20种水生植物，23种底栖动物，9种国家一级和44种国家二级重点保护鸟类，湖区周边物种数量由440种增加到783种。

本书主要收集了自2021年以来长荡湖及其周边发现的各类鸟种，作为长荡湖生态恢复生物多样性的集中代表展现，并对湿地公园保护区鸟类的分布及现状进行阶段性总结。

因时间较紧，篇幅限制，部分鸟种可能无法完全展示；限于水平，书中错误和不当之处恳请读者批评指正。

编　者

2024年12月

前 言

《长荡湖鸟类图谱》终于编写完成，但前言部分却迟迟未能动笔，不知话该从何说起。现在市面上优秀的观鸟图鉴很多，本图谱也是借鉴了很多优秀图鉴的内容结合我们自己的观察所著，因此，与其说这是一本长荡湖湿地的观鸟图谱，不如说是借此记录了一段难忘而珍贵的历史瞬间，为常州观鸟爱好者多年的付出做一阶段总结，同时也希望能为后人留下一份有意义的历史资料。

从 2021 年初至今，常州自然观察团的观鸟爱好者对长荡湖湿地及其周边区域投入了极大的热情，寒来暑往的四季更迭中，可以说处处留下了我们不断观察探索的足迹。鸟友们不辍深耕，孜孜以求，对长荡湖湿地展开高强度的持续观察，积累了大量宝贵的监测数据和影像资料，同时也留下了一幅幅令人感叹和难以忘怀的精彩画面。我们忘不了美丽的小天鹅集群飞跃湖面的高歌声，忘不了多年未见的青头潜鸭挺身振翅的精彩亮相，忘不了寒风中黑脸琵鹭在鹭群中梳理羽毛的优雅转身，忘不了泥滩上“不经世事”的遗鸥宝宝孤独的身影，忘不了在鸻鹬群中的剑鸻转瞬即逝的惊鸿一瞥，忘不了每年春天如约而至的东方鸻降临湖畔草地时的靓丽妆容，忘不了金色的麦浪间黄胸鹀夫妇穿梭觅食的惬意自由，忘不了晚霞映照的“魔术塘”里大大小小的鸻鹬们在波光粼粼的水面嬉戏干饭的唯美与诗意，忘不了须浮鸥、水雉在芡实浮萍间辛勤育雏的温馨画面，忘不了冬日黄昏卷羽鹈鹕那模糊的巨大喉囊带给我们难以言表的激动。此时此刻，回望这些精彩的画面，我们眼中闪着光，嘴角挂着会心的微笑，这是对自由的热爱与向往，是对勃勃生机的大自然美妙而顽强生命的礼赞！

四年来，鸟友们凭借高频次的持续深入观察，为常州野生鸟类名录增添了 64 笔新记录鸟种，其中 31 笔记录来自长荡湖湿地，新记录占比高达

48.4%。截至2024年底，在长荡湖湿地共计观测野生鸟类17目57科243种，占常州市全境总鸟种的62.8%，其中国家一级重点保护动物9种，国家二级重点保护动物44种，IUCN（世界自然保护联盟）濒危物种红色名录近危以上受胁物种32种（极度濒危3种、濒危5种、易危10种、近危14种）。

美丽的长荡湖湿地不仅是公众休闲娱乐、欣赏自然风光的场所，也为我们人类和众多生命提供赖以生存的淡水和丰富的食物资源，更为重要的是湿地对于应对自然灾害和日益加剧的全球气候变化提供了无可替代的自然调节和安全庇护作用，保护湿地健康的生态环境对于我们人类至关重要！

野生鸟类是生态环境变化十分敏感的指示物种，近年来，我们坚持开展长荡湖越冬水鸟调查，并积极参与全国青头潜鸭越冬同步调查。我们可喜地发现青头潜鸭在长荡湖湿地有较为稳定的越冬记录，且数量在逐渐增加，珍稀候鸟黄胸鹀、东方白鹳、黑脸琵鹭近几年都有迁徙过境的记录。冬季的长荡湖湿地为大量雁鸭、小天鹅提供了越冬场所，我们甚至激动地观察到珍稀候鸟白头鹤、白鹤、卷羽鹈鹕在长荡湖有过境的记录。

上述调查数据说明长荡湖湿地的生态环境较好，这与当地政府部门的科学管理和民众保护意识的提高密不可分。我们由衷希望大家一起努力保护好长荡湖湿地，为野生鸟类和其他自然生命多保留一些栖息环境，共同建设一个美好和谐的未来。

说 明

1. 本图谱主要涵盖长荡湖湖泊湿地及周边旷野农田的特色鸟类，照片尽可能取自在长荡湖拍摄的作品。由于野外拍摄难度较大，无法保证所有照片的画质都非常高，由于篇幅所限，雌、雄、成、幼及站姿、飞行等无法一一展示。本图谱除对鸟种外观形态和辨识特征进行描述外，对于受胁等级较高的珍稀鸟种，我们着重对种群受胁因素、保护及现状做了介绍，另外，对于某些鸟种的拉丁学名构成比较有趣的部分以及命名中的故事也尝试做了一些简单的拓展分享。

2. 由于笔者的观鸟经验、认识水平有限，图谱中的描述和解释如有错误、疏漏，敬请读者指正。

3. 图谱中鸟种的分类系统及排序、学名及中、英文名，参考 2024 年中国观鸟年报《中国鸟类名录》12.0 版及世界鸟类学家联合会出版的《世界鸟类名录》（IOC World Bird List）14.2 版（2024 年 8 月），物种保护级别参考 2021 年 2 月更新的《国家重点保护野生动物名录》，物种受胁等级参考世界自然保护联盟（IUCN）2023 年最新的濒危物种红色名录。

4. 本图谱中鸟种的居留形式，主要是根据本地区的长期观察结合该鸟种历史上的主要居留形式来描述，有些鸟种可能存在多种复杂的居留形式未做详细描述，需进一步观察。

常用名词解释

◆ **雄鸟**（male，M.）；**雌鸟**（female，F.）。

◆ **留鸟**：终年均可在某一地区见到、不随季节变化而迁徙的鸟。

◆ **夏候鸟**：春夏来某个地方繁殖而秋冬离开的鸟。

◆ **冬候鸟**：秋冬来某个地方越冬而春夏离开的鸟。

◆ **旅鸟（过境鸟）**：春、秋季候鸟迁徙期间，短暂停留于某一地区，而不在此地繁殖或越冬的鸟。

◆ **迷鸟**：指迁徙过程中由于气候因素影响或年轻个体缺乏经验，导致迷失方向而出现在某地区的鸟类。

◆ **成鸟**（adult，ad.）：指具繁殖能力且羽色基本稳定的鸟。

◆ **雏鸟**（chick）：鸟类出壳后至换上正羽前的阶段，全身裸露或仅覆绒羽。

◆ **幼鸟**（juvenile，juv.)：雏鸟首次换成正羽，可飞行但无繁殖能力的鸟。

◆ **未成年鸟**（immature，imm.）：泛指鸟类换上正羽后至换成羽前的生长阶段，包括幼鸟及亚成鸟。

◆ **繁殖羽**（breeding，br.）：冬末至早春所换的新羽，繁殖羽通常比较鲜艳多彩，用以吸引配偶。

◆ **非繁殖羽**（nonbreeding，non-br.）：繁殖季过后所换的新羽。

◆ **一龄冬羽**（1st winter，1-w）：出生后的第一次换羽。

◆ **蚀羽**（eclipse）：雁鸭类繁殖羽与非繁殖羽间换羽的羽色。

◆ **种**：生物分类单位。学名由两个拉丁文组成，前一个为属名，后一个为种加词。学名引用时以斜体表示。

◆ **亚种**：种以下的一个分类阶层，某一动物的族群在不同地理区域间具有明确一致的形态差异，但差异不足以成为不同动物，这些具形态差异的族群称为亚种。

◆ **体长**：自嘴端至尾端的长度。

◆ **眼先**：眼睛和嘴基之间的区域。

◆ **翼指**：鸟类飞行时外侧初级飞羽突出形成的指状分叉，在猛禽辨识中有重要参考价值。

◆ **《国家重点保护野生动物名录》**：2021 年 2 月由国家林业和草原局、农业农村部更新发布的关于国家重点保护的珍贵、濒危野生动物的名录，其中保护级别分为国家一级保护野生动物（简称“一级”）和国家二级保护野生动物（简称“二级”）。

◆ **“三有”保护动物（简称“三有”）**：指国家保护的有重要生态、科学、社会价值的陆生野生动物。相比之前“有益的、有经济和科学价值”的“三有”，不仅增加了 700 余种野生动物，而且突出了生态和社会价值，去除经济价值，是生态保护理念的进步。

◆ **古北界和东洋界**：陆地动物由于地理及其气候屏障而彼此隔开，分界明显。我国的动物地理区系分属古北界和东洋界，两者的分界线由西向东依次为喜马拉雅山脉—横断山脉—秦岭—淮河，其中古北界进一步划分为东北区、华北区、蒙新区和青藏区；东洋界划分为西南区、华中区和华南区。

◆ **IUCN 濒危物种红色名录**（IUCN red list）：世界自然保护联盟（International Union for Conservation of Nature，IUCN）濒危物种红色名录的受胁等级划分为未评估（NE）、未认可（NR）、数据缺乏（DD）、无危（LC）、近危（NT）、易危（VU）、濒危（EN）、极度濒危（CR）、野外灭绝（EW）、灭绝（EX）。

◆ **CITES** 全称《濒危野生动植物种国际贸易公约》（Convention on International Trade in Endangered Species of Wild Fauna and Flora，CITES）：于 1973 年 3 月 3 日在美国华盛顿通过，故简称《华盛顿公约》。用物种分级与许可证的方式，管制国际贸易的物种，以达成野生物种市场的永续利用性。归类成三项附录：附录 I：所有受到和可能受到贸易的影响而有灭绝危险的物种；附录Ⅱ：不一定面临灭绝威胁的物种，但必须对其贸易加以控制，以避免与其生存不符的利用；附录Ⅲ：各国视其国内需要，区域性管制国际贸易的物种。

如何使用本图谱

东方白鹳

Ciconia boyciana　Oriental Stork

鹳形目・鹳科

110—115cm 冬候鸟 / 旅鸟 ★ 一级 EN 附录 I

体型甚大的鹳科鸟类。虹膜黄白色，嘴黑、粗壮而尖直，脚深红。成鸟除黑色飞羽外，通体大致白色，站立时高大且脖颈直立。飞行时，颈伸直，黑色飞羽与白色体羽对比明显。

鹳形目

ad.© 王威

ad.© 郁滔

东亚特有种，繁殖于俄罗斯远东地区南部，中国东北、华北及华东地区北部，越冬于中国东南部。营巢于高大树冠层或高压电塔上，栖息于开阔的沼泽湿地、田野，主食鱼类，也捕食其他小动物。飞行时振翅缓慢，善翱翔。繁殖期上、下嘴相击，声如响板。

34

鸟种
中文名

鸟种学名
（属名+种加词）

鸟种
英文名

鸟种目名
及科名

东方白鹳

Ciconia boyciana Oriental Stork

鹳形目 · 鹳科

110—115cm 冬候鸟 / 旅鸟 ★ 一级 EN 附录 I

CITES保护级别

IUCN受胁等级

体型甚大的鹳科鸟类。虹膜黄白色，嘴黑、粗壮而尖直，脚深红。成鸟除黑色飞羽外，通体大致白色，站立时高大且脖颈直立。飞行时，颈伸直，黑色飞羽与白色体羽对比明显。

鸟种体长

本地区
居留形式

鸟种保护级别

鹳
形
目

本地区的出现度
★罕见
★★少见
★★★易见
★★★★常见
★★★★★极常见

鸟种外观
辨识特征

ad.© 王威

鸟种记录者署名

ad.© 郁滔

东亚特有种，繁殖于俄罗斯远东地区南部，中国东北、华北及华东地区北部，越冬于中国东南部。营巢于高大树冠层或高压电塔上，栖息于开阔的沼泽湿地、田野，主食鱼类，也捕食其他小动物。飞行时振翅缓慢，善翱翔。繁殖期上、下嘴相击，声如响板。

鸟种分布、迁徙、
栖息环境及习性等

34

鸟种成幼、性别、
繁殖羽/非繁殖羽及记录时间

鸟类形态外观图示

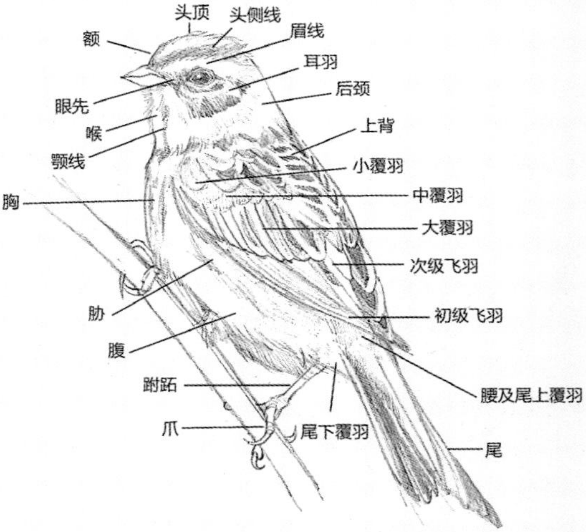

图 1：雀形目鸟类体羽图示（以红颈苇鹀为例）

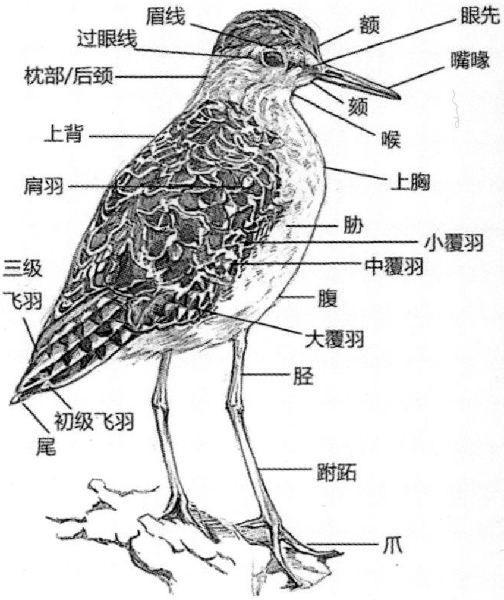

图 2：鸻鹬类体羽图示（以林鹬为例）

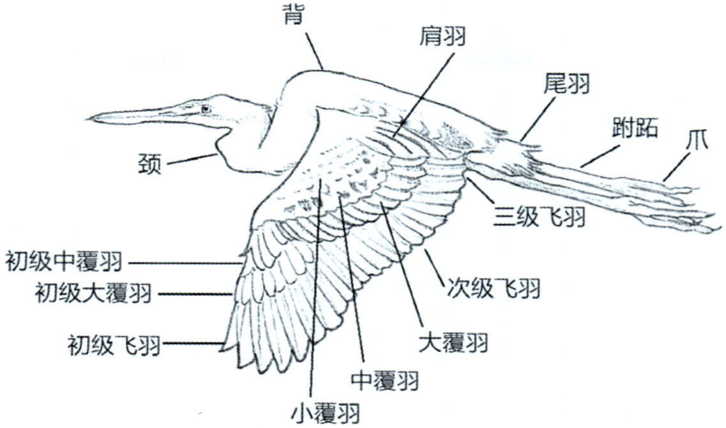

图 3：飞行中的鹭类体羽图示（以草鹭为例）

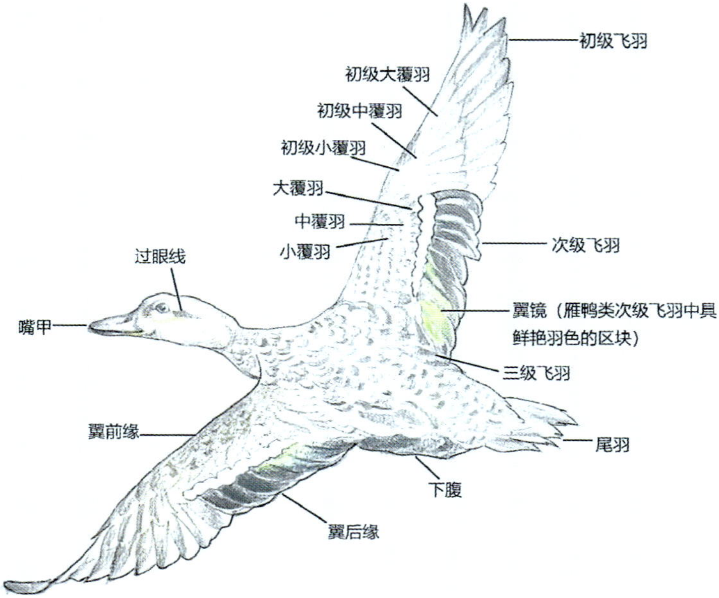

图 4：雁鸭类体羽图示（以绿翅鸭雌鸟为例）

长荡湖鸟类图谱

鸟种分类

豆雁

Anser fabalis Taiga Bean Goose

雁形目·鸭科

76—89cm　冬候鸟　★★★　LC

体型大的灰色雁，嘴黑，次端斑橙色，脚橘黄色。飞行中较其他灰色雁色暗而颈长。甚似短嘴豆雁，但体型较大，嘴及颈较长，额较平缓。

ad. © 王昕

ad. © 蒋继军

繁殖于西伯利亚，越冬于中国东部、朝鲜半岛和日本，又称寒林豆雁。栖息于农田、沼泽、湖泊、河口等生境，以家族群为单位生活于开阔的陆地环境或湖泊湿地间的芦苇草滩，性羞怯机警，觅食时常引颈警戒张望，采食青草及秧苗。飞行时常成“一”字形或“人”字形的有序队列，伴随深沉的“hank—hank”叫声。

短嘴豆雁

Anser serrirostris Tundra Bean Goose

雁形目 · 鸭科

66—80cm 冬候鸟 ★★ LC

原为豆雁的新疆亚种（*rossicus*）和普通亚种（*serrirostris*），美国鸟类学会（AOS）和世界鸟类学家联合会（IOC）将此两亚种列为独立种——短嘴豆雁。与豆雁十分相似，但体型较小，颈较短，嘴短而厚，额头较陡峭，常与豆雁、白额雁混群觅食活动，性甚谨慎。近年来通过基因测序和演化史的研究，有些学者认为豆雁与短嘴豆雁的基因组差异甚小，存在广泛的基因交流，应合并为同一物种。

普通亚种（*serrirostris*）繁殖于新西伯利亚，越冬于中国、朝鲜半岛和日本。栖息环境和习性类似于豆雁。

白额雁

Anser albifrons Greater White-fronted Goose

雁形目 · 鸭科

65—86cm 冬候鸟 / 旅鸟 ★★ 二级 LC

虹膜深褐色，嘴橙红色，脚橘黄色。成鸟额基有白色环斑，头、颈、体上暗褐，背具淡色羽缘，胸、上腹面具醒目的粗黑横斑，臀白。幼鸟额基无明显白色环斑，嘴尖黑，胸腹无粗黑横斑。飞行时，颈短，翼下色深，粉红色的嘴、白额、腹面黑横斑较易识别，需注意与混群的小白额雁相鉴别，后者体型较小，嘴、颈较短，金色眼圈明显，额基白斑范围较大。

ad. &juv.© 惠一鸣

繁殖于亚欧大陆和北美洲北部地区，越冬于亚欧大陆中低纬度地区及北美洲西海岸。多于夜间迁徙，常以家族群为单位，在靠近湖泊、河口、沼泽湿地的开阔草地、农田活动觅食，性机警，采食植物的叶、芽、根、茎或种子。飞行时常伴随高亢的叫声。

ad.© 张浩勇

小白额雁

Anser erythropus Lesser White-fronted Goose

雁形目 · 鸭科

56—66cm 冬候鸟 / 旅鸟 ★ 二级 VU

虹膜深褐色，眼圈金黄色，嘴粉红色，脚橘黄色。似白额雁，但体型稍小，嘴、颈较短。成鸟额白色面积较大，胸、腹粗黑横斑较小。翼更长而窄，初级飞羽长度超过尾尖。幼鸟额基白斑不明显，胸腹无粗黑横斑。飞行时振翅较快，常与白额雁、豆雁混群活动。

白额雁

ad.© 陈文雄

白额雁

ad.© 黄凤英

繁殖于北极苔原沼泽地带，越冬于中国长江流域、日本和朝鲜半岛，较为罕见。常单独或以家族群为单位活动，觅食动作普遍较其他雁更快，因此常在雁群前端活动。

灰雁

Anser anser Greylag Goose

雁形目 · 鸭科

76—89cm 冬候鸟 / 旅鸟 ★★ LC

西方家鹅的祖先。成鸟虹膜暗褐色，眼圈、嘴、脚粉红。成鸟头颈淡灰褐，体上灰褐，羽缘白，胸、腹污白，两胁具暗褐色横纹，腹有黑斑，臀白。飞行时，灰白色翼前缘与黑色飞羽对比明显。

ad.© 惠一鸣

ad.© 王威

繁殖于亚欧大陆中、西部。栖息于水生植物丰富的湖泊、河口、沼泽及草地，性机警，常成家族群一起觅食，采食植物的叶、芽、根、茎或种子，也取食螺、虾、昆虫。与其他在陆地觅食的豆雁、白额雁不同，灰雁通常在水中倒立取食，飞行时常成“一”字形或“人”字形的有序队列，伴随高昂洪亮“亢一亢一亢”叫声。

鸿雁

Anser cygnoides Swan Goose

雁形目 · 鸭科

80—94cm 冬候鸟 / 旅鸟 ★★ 二级 EN

中国家鹅的祖先。嘴黑，嘴基有白色细环纹，脚深橘黄色。成鸟头顶至后颈栗褐色，与近白色的前颈分界明显。前额平，与嘴成一直线。体上灰褐，羽缘皮黄，腹面浅褐，两胁具黑褐色细横纹，臀白。飞行时，颈长，前、后颈分界明显，翼下色深。

ad. © 王昕

ad. © 王国波

繁殖于亚洲中部和蒙古至西伯利亚东南部，越冬于中国东南部。喜集群活动于水生植物丰富的湖泊、河口、沼泽及农田，性机警，采食草本植物的叶、芽或种子，也取食少量软体动物。飞行时常成“一”字形或“人”字形的有序队列，伴随洪亮似家鹅般的“嗯—嗯”叫声，传播很远。

小天鹅

Cygnus columbianus　Tundra Swan

雁形目 · 鸭科

115—140cm　冬候鸟　★★★　二级　LC

成鸟通体白色，嘴端部黑色，嘴基黄色，但黄色不超过鼻孔且前缘不显尖长（黄色区域较大天鹅小），体型也比大天鹅小。飞行时颈较大天鹅短。幼鸟体灰褐色，嘴粉红色。

ad. & juv. © 王琦琮

ad. & juv. © 惠一鸣

繁殖于全北界，国内越冬于长江中下游和东南沿海，偶至华南及西南的大型河流和湖泊地带（国内越冬地较大天鹅更偏东南部）。喜栖息于开阔且水生植物丰富的浅水区域。在水面及飞行时，常发出响亮"亢亢"声。近年在长荡湖水域有较稳定的集群越冬记录。

翘鼻麻鸭

Tadorna tadorna Common Shelduck

雁形目 · 鸭科

55—65cm 冬候鸟 ★★ LC

羽色艳丽的大型鸭，嘴红色且嘴端略上翘，脚粉红色。雄鸟繁殖羽头颈暗绿色，栗色胸带较宽，嘴基特征性的疣状突起。雌鸟羽色较淡，胸带较雄鸟窄，嘴基无明显疣突，非繁殖羽嘴基部具白斑。幼鸟羽色斑驳，嘴及脚红色浅，具白眼圈。飞行时，黑色飞羽及栗色胸带与白色体羽对比明显。覆羽白，翼镜具暗绿色辉光，尾羽白，末端有黑色窄带。

ad. M.& F.© 惠一鸣

ad. M.&F.& juv.© 蒋元再

繁殖于西欧至东亚，越冬于北非、南亚及中国东南沿海。喜咸水环境的海岸、河口、盐田，内陆地区少见，常以嘴在泥滩和浅水中滤食鱼虾、螺贝、昆虫及海藻等。

拉丁属名和种加词均为“*tadorna*”（杂色的水鸟），意指翘鼻麻鸭艳丽多彩的羽色。

赤麻鸭

Tadorna ferruginea Ruddy Shelduck

雁形目 · 鸭科

58—70cm 冬候鸟 ★★ LC

通体鲜艳的橙褐色，嘴、脚黑色。雄鸟繁殖羽头部色淡，具黑色细颈环，雌鸟头部色更淡，脸白，无黑色颈环。飞行时，黑色飞羽与白色覆羽对比明显，翼镜具绿色光泽，尾羽黑色。

ad.© 王凯

ad. © 惠一鸣

繁殖于亚欧大陆北部至中亚、非洲西北部，越冬于印度及东亚南部。栖息于内陆湖泊及河流、农田等环境，很少到沿海地区。主要以水生植物叶、芽、种子及谷物为食，也吃鱼虾、蚯蚓、昆虫及甲壳动物等。

拉丁学名中的种加词“*ferruginea*”（铁锈色的），意指赤麻鸭通体独特醒目的羽色。

鸳鸯

Aix galericulata　Mandarin Duck

雁形目·鸭科

40—50cm　冬候鸟　★★★　二级　LC

雄鸟繁殖羽色彩极为艳丽，白色眉线宽而醒目，嘴红，颈橙黄色，具细长羽，三级飞羽特化成独特的橙黄色帆状饰羽，胸侧有两道黑色相间斜条纹，胁部橙黄色。雌鸟羽色明显暗淡，头颈灰，白色眼圈延伸至眼后，嘴黑褐色，胸胁密布圆形淡色斑。雄鸟蚀羽似雌鸟，嘴仍保持红色，但不如繁殖羽鲜艳。飞行时，翼下色暗，翼镜蓝绿色。

ad.M. © 郁滔

ad.M.&F.© 王威

繁殖于东北亚地区，越冬于中国华北、长江流域、华南及西南地区。喜集小群活动于树林附近的湖泊、河流、沼泽、芦苇塘等环境，生性机警，常在离人甚远、靠近树林的水域觅食活动，于水边岩石或树枝上休息。繁殖季以动物性食物如蛙、小鱼、虾、昆虫等为主食，冬季主食坚果、草籽等。

本种学名“*Aix*”来自希腊语（水禽）；种加词“*galericulata*”由“*galer*”（帽子）+“*cul*”（小的）组成，形容雄鸟头后的小冠羽像一顶漂亮的小帽。

由于野味、羽毛装饰等原因驱动的非法猎捕，以及人类活动导致的栖息地破坏（天然树洞减少），鸳鸯的野外种群数量受到威胁。

雁形目

棉凫

Nettapus coromandelianus　Cotton Pygmy Goose

雁形目・鸭科

31—38cm　夏候鸟　★★　二级　LC

小型浮水鸭。虹膜：雄鸟红色，雌鸟深褐色。嘴色：雄鸟全黑，雌鸟黄色，先端灰褐色。雄鸟头颈及体侧白色，远处看与深色的眼周及颈环对比明显，额至头顶黑色，体背深绿褐色。雌鸟体背及头顶暗褐，黑褐色过眼线明显，颈部灰白，体侧皮黄。飞行时，雄鸟翼上覆羽泛绿色金属光泽，白色宽翼带与深色覆羽对比强烈。雌鸟翼羽整体色深，对比不明显。

br. F.& M.© 张浩勇

br. M. © 张浩勇

分布于南亚、东南亚至澳大利亚北部。国内为长江以南流域的夏候鸟，栖息于多水生植物的河流、湖泊、鱼塘和稻田。成对或小群活动，以水生植物及昆虫为食，很少潜水捕食。

棉凫，1789 年由德国博物学家 J.F.Gmelin（1748—1804）命名，其拉丁名的种加词“*coromandelianus*”是指该种模式标本产地位于印度的科罗曼德尔海湾。本种全球仅两个亚种，指名亚种分布于印度至中国南部、印尼和新几内亚，澳洲亚种分布于澳大利亚东北部。

Sibirionetta formosa Baikal Teal

花脸鸭

雁形目 · 鸭科

36—43cm　冬候鸟　★★　二级　LC　附录 II

体型较绿翅鸭稍大的小型水鸭，嘴黑，脚灰黄色。雄鸟繁殖羽头至后颈黑色，头顶后部较其他类似小型鸭更高，脸部由黄、绿色斑及黑、白条纹组成的漩涡状似“太极”图案的特征性纹路，胸侧、腰侧各见一道白色纵纹，背部见橙、黑、白三色条纹披覆，臀黑色。雌鸟眼先见明显的白色圆斑，深色过眼线不完整，仅从眼后起，眉线褐色，体暗褐，腹污白，尾侧有白色横纹。飞行时翼镜绿色，上橙、下白。

繁殖于西伯利亚北部和东部至鄂霍次克海、楚科奇东部和堪察加半岛北部的苔原及泰加林水塘，越冬南迁至中国东部和南部、朝鲜半岛南部、日本。栖息于湖泊、池塘和水稻田，常集大群或混于大群小型水鸭中，采食水藻、谷物和其他水生植物。

近 30 年来，由于盗猎、毒饵、繁殖区及越冬栖息地破坏，花脸鸭曾一度被 IUCN 列为易危（VU）物种。近年来随着东亚各国的积极保护，种群数量有所恢复，2010 年预计全球成年个体约有 107 万只，IUCN 降级为无危（LC）。2021 年 2 月《国家重点保护野生动物名录》将花脸鸭由“三有”保护升级为二级保护，我国东部某些地区的盗猎和越冬湿地丧失等威胁因素仍不容乐观。

白眉鸭

Spatula querquedula　Garganey

雁形目 · 鸭科

37—41cm　旅鸟　★★　LC

小型水鸭，雄鸟头、颈及胸棕褐色，白眉线宽长而醒目，繁殖羽翼上具黑、白、灰色蓑状饰羽。腹侧灰白，布暗色细波纹。雌鸟整体灰褐色，嘴基有淡色斑（但较花脸鸭明显小，而绿翅鸭嘴基无淡色斑），深色过眼线完整（注意与花脸鸭区别），与浅色眉线对比明显。飞行时，雄鸟翼上覆羽浅灰，翼镜墨绿，上下缘具宽白色带；雌鸟翼上覆羽灰褐。

ad. F.&M.© 王威

ad. M.© 王国波

冬季多集群栖息于宽阔的淡水湖泊、河口、沼泽及沿海浅滩，常与绿翅鸭等小型河鸭混群活动。常州地区春、秋季（3 月底至 5 月初、9 月初至 10 月底）迁徙过境可留意观察。

绿翅鸭

Anas crecca Eurasian Teal

雁形目 · 鸭科

34—38cm 冬候鸟 ★★★★★ LC

小型河鸭，飞行快速。雄鸟有一弯月形带皮黄色边缘的绿色宽贯眼纹，头颈部栗色，体侧有一道长长的白色条纹，臀黑，两侧有醒目黄色三角形斑块；其余体羽多灰色。雌鸟褐色斑驳，头部羽色单调，眼先无白斑，腹部色淡，尾侧有明显白色横斑。飞行时，翼镜绿色，上、下缘白色，上缘较宽。

ad. F.© 王昕

ad. M.© 惠一鸣

繁殖于中国东北至整个俄罗斯远东地区，越冬至中国东部、朝鲜半岛和除北海道以外的日本各地。迁徙中和冬季常大量与其他同属野鸭混群，是我国水鸭中的优势种之一，数量多，分布广。体型小，颈短，常倒立于水中觅食，有时在湿地低空会集成独特的飞行群体，整齐划一、快速转向的杂技般飞行动作看起来似鸻鹬类一般。

琵嘴鸭

Spatula clypeata　Northern Shoveler

雁形目 · 鸭科

43—56cm　冬候鸟　★★★★　LC

雌雄相异，嘴：雄鸟黑色，雌鸟黄褐色，嘴比其他河鸭大而扁呈匙形。虹膜：雄鸟亮黄色，雌鸟深色。繁殖羽雄鸟头颈部深绿色，具金属光泽，远处看胸亮白与腹胁栗红色形成醒目对比。雌鸟体型略小，头、颈褐色，体暗褐，具淡色羽缘。雄鸟蚀羽类似雌鸟，但头深灰色，虹膜黄色而非深色，嘴黑。飞行时，雄鸟翼上覆羽灰蓝，翼镜绿色，上缘宽白带，雌鸟覆羽鼠灰色，翼镜绿色较淡，上缘白色带较窄。游动时嘴朝下，姿态慵懒。

ad. M.&F. © 王威

繁殖于亚欧大陆及北美，国内越冬于长江以南大部地区。常集群栖息于大型湖泊、沼泽、河口等生境，常与其他水鸭混群，用铲形的嘴左右扫动滤食浮游生物。也常被观察到绕圈游动的觅食行为，用脚扰动水下环境，惊起水中的猎物进而捕食。

ad.M.&F. © 郁滔

斑嘴鸭

Anas zonorhyncha　Chinese Spot-billed Duck

雁形目 · 鸭科

58—63cm　冬候鸟　★★★★★　LC

体大的深褐色鸭。头色浅，顶及眼线色深，嘴黑而嘴端黄，喉及颊皮黄，有过颊的深色纹，深色羽带、浅色羽缘使全身体羽呈浓密扇贝形。翼镜金属蓝色，后缘多有白带。白色的三级飞羽停栖时有时可见，飞行时甚明显。两性同色，但雌鸟较黯淡。

ad. © 王昕

ad.&chick © 惠一鸣

国内甚常见，繁殖于东北至华中、华东及西南大部分适宜生境，越冬于长江以南水域，近年来越冬地有向北扩展趋势，常集群活动，多与其他河鸭混群。

绿头鸭

Anas platyrhynchos Mallard

雁形目 • 鸭科

50—65cm 冬候鸟 ★★★★★ LC

雁鸟头及颈深绿色带光泽，具白色颈环，尾部羽毛卷曲上翘。雌鸟褐色斑驳，有深色的贯眼纹。飞行时，翼镜蓝紫，上、下缘白色较宽。

ad. M.&F.© 王昕

ad.F.&M.© 郁滔

常与其他鸭类混群，主要栖息于水生植物丰富的湖泊、河流、池塘、沼泽等水域中。以野生植物的叶、芽、茎、水藻和种子等植物性食物为食，也吃软体动物、甲壳类、水生昆虫等动物性食物。

赤膀鸭

Mareca strepera Gadwall

雁形目 · 鸭科

46—58cm 冬候鸟 ★★★★ LC

雄鸟略大，嘴：雄鸟全黑，雌鸟橘黄。脚橘黄。雄鸟大致灰棕色，胸及体侧密布黑白色鳞状细纹，黑色臀羽醒目，飞行时具特征性的白色翼镜，覆羽栗红色。雌鸟通体浅褐色，臀羽无黑色，飞行时翼镜白斑较小，覆羽无明显栗红色。

ad. F.&M.© 郁滔

ad. F.&M.© 惠一鸣

国内繁殖于东北和新疆，越冬于长江以南水域，冬季常混杂于其他鸭群中，活动于淡水河流、湖泊和沼泽水域，喜多水生植物生境。越冬相当安静，很少发声。

赤颈鸭

Mareca penelope　Eurasian Wigeon

雁形目 · 鸭科

45—51cm　冬候鸟　★★★★　LC

头大，额部高，颈短，雄鸟略大，嘴蓝灰、端黑。头、颈部栗红色，额至头顶鲜黄，胸红褐色，背及体侧浅灰，腹白，臀黑。雌鸟头、颈深褐色，背暗褐，胸红褐，腹白。飞行时，翼镜绿色，翼下灰色，腹白色，雄鸟翼上覆羽白色。

ad. M.&F.© 王威

国内繁殖于东北和新疆北部，越冬于黄河以南水域。冬季常成群活动，也混于其他鸭群中，喜多水生植物的开阔水域，喜鸣叫，冬季常于水面及空中发出嘹亮的哨音。

ad. M.&F.© 王威

罗纹鸭

Mareca falcata Falcated Duck

雁形目 • 鸭科

46—54cm 冬候鸟 ★★★ LC

雄鸟头栗色，脸侧绿色延伸至头后，泛金属光泽，额基有小白斑，胸有明显鳞纹，颈白色，有黑色颈环，黑白色三级飞羽长而弯曲，臀黑，臀侧具黄色三角斑块。雌鸟通体大致棕褐色。飞行时，雄鸟翼镜暗绿，灰白色翼前缘与黑色次级飞羽对比明显。

ad. F.&M.© 王威

ad. F.&M.© 王威

繁殖于亚欧大陆北部，越冬于印度北部至中国东部、南部，朝鲜半岛南部和日本。喜栖息于内陆湖泊、沼泽、河口等开阔平静水域及东部沿海地区，成对或集群活动于水生植物茂密生境，冬季相当安静。2022 年 2 月，长荡湖湖区内观测到 4300 余只罗纹鸭集群越冬的壮观场景。

针尾鸭

Anas acuta Northern Pintail

雁形目 • 鸭科

50—65cm 冬候鸟 ★★ LC

雌雄相异，头小、头顶圆，颈长而纤细。繁殖羽雄鸟头和枕深褐色，胸部白色沿颈侧向上延伸并逐渐变细直至后颈，胸腹乳白色，胁后部有黄白色斑块，臀黑，尾羽黑，中央尾羽突出甚长呈针状。雌鸟略小，颈长，尾稍短，整体偏灰褐色，体背暗褐具斑驳羽色。飞行时，修长的颈及尖细的尾羽特征明显，雄鸟翼镜铜绿，上缘橙色，下缘白色；雌鸟翼镜褐色。

ad.© 钱旻罡

ad.F.&M.© 蒋元再

迁徙和冬季常与其他水鸭混群于大型湖泊、池塘、河流、海湾等，擅长将身体大部潜入水中倒立觅食，仅露出臀部，采食水底藻类及水草等。长荡湖南部冬季有小群越冬记录。

凤头潜鸭

Aythya fuligula Tufted Duck

雁形目 · 鸭科

40—47cm 冬候鸟 ★★★★ LC

虹膜黄色，嘴铅灰，先端黑色，侧面观头型显方圆。雄鸟繁殖羽头颈部黑紫，具金属光泽，头后垂穗状饰羽，体背、胸的黑色与胁部白色对比明显。雌鸟头、颈、胸及体背暗褐，胁偏褐，腹污白，有些个体嘴基具小块白斑，注意与斑背潜鸭鉴别（后者嘴基白斑较大，嘴形更显宽大）。雄鸟非繁殖羽似雌鸟，但头、颈羽色较深，腹、胁羽色较淡。飞行时，白色翼带明显。

ad.M.© 王威

ad.F.&M.© 王昕

广布于亚欧大陆，国内繁殖于西部及东北地区，越冬于长江流域及以南地区。栖息于大型湖泊、沼泽、河口等生境，潜水取食螺贝、水生植物及昆虫等。

红头潜鸭

Aythya ferina Common Pochard

雁形目 · 鸭科

42—49cm 冬候鸟 ★★★★ VU

雄鸟略大，虹膜：雄鸟红色，雌鸟暗褐。侧面观头部中央高耸。雄鸟繁殖羽头颈部栗红，胸黑，背与胁灰白，腹污白，臀黑。雌鸟头、颈、胸及尾暗褐，眼先有淡色块斑，体背浅灰褐。飞行时，灰色翼带与翼覆羽对比不明显。

ad.M.&F.© 郁滔

ad.F.&M.© 王威

繁殖于欧洲西部至亚洲中、北部，越冬于非洲北部、亚洲南部。国内繁殖于西北地区，冬季迁徙至华东、华南及西南地区。栖息于开阔的大型湖泊、水库、河流及港口，常与凤头潜鸭混群，潜水取食水生植物的叶、茎、根和种子，也吃水生昆虫及小鱼、虾等动物性食物。

白眼潜鸭

Aythya nyroca Ferruginous Pochard

雁形目 · 鸭科

38—42cm 冬候鸟 ★★ NT

体型较青头潜鸭略小，虹膜：雄鸟白色，雌鸟暗褐，嘴蓝灰。侧面观头顶高耸。雄鸟繁殖羽头颈胸栗红褐，体背黑褐，两肋红褐色而无青头潜鸭的白色区域，腹及臀羽白色。雌鸟通体大致暗褐，体背色深。飞行时，翼下白，翼上白色翼带明显，腹面白色范围较青头潜鸭小。

ad. F.&M.© 王国波

繁殖于欧洲西部至亚洲中部，越冬于非洲中北部、亚洲南部。国内繁殖于西部，越冬于华北及长江以南大部地区。栖息于多水生植物的湖泊、池塘等湿地生境，常与青头潜鸭、红头潜鸭混群，潜水取食水生植物嫩叶、昆虫及小鱼等。

ad. M.&F.© 惠一鸣

青头潜鸭

Aythya baeri Baer's Pochard

雁形目·鸭科

46—47cm 冬候鸟 ★ 一级 CR

虹膜：雄鸟白色，雌鸟褐色，嘴蓝灰色。侧面观头顶不似白眼潜鸭般高耸而显平缓。雄鸟繁殖羽头、颈墨绿具金属光泽，体背黑褐，胸栗褐，腹部白色区域延伸至胁部，臀羽白色。雌鸟略小，头、颈及体背暗褐，嘴基部具淡栗色斑。飞行时，翼下白，翼上白色翼带明显，腹面白色范围较白眼潜鸭大。

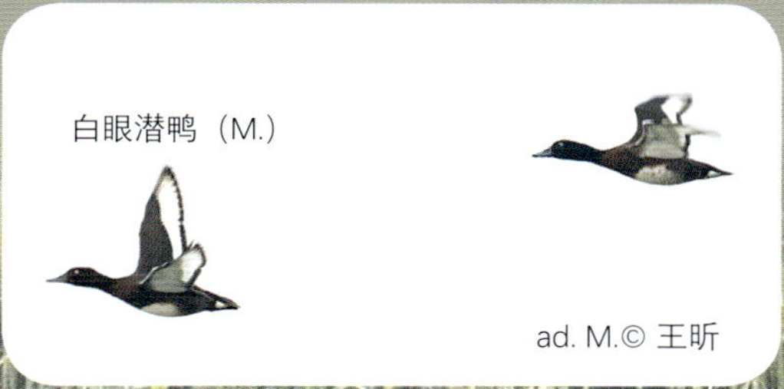

ad. M.© 王昕

ad. © 惠一鸣

繁殖于亚洲东北部，越冬于东亚南部。国内繁殖于东北、华北及华中地区，迁徙季见于华东和华北地区，越冬于黄河以南大部地区。栖息于多水生植物的湖泊、湿地生境，潜水取食水生植物嫩叶、茎，水生昆虫、蛙及软体动物。近四年长荡湖越冬水鸟调查显示，青头潜鸭在长荡湖东路沿线及上黄湿地附近有较稳定的小群越冬，常与白眼潜鸭混群活动。

由于盗猎、栖息地被破坏，10 余年来，青头潜鸭的种群数量明显下降，亟待加强保护！

赤嘴潜鸭

Netta rufina　Red-crested Pochard

雁形目 • 鸭科

53—57cm　迷鸟　★　LC

雌雄相异。虹膜：雄鸟红色，雌鸟褐色，嘴形细而笔直。侧面观冠羽耸立时头顶部膨隆呈夸张的圆弧形，冠羽收起时头顶较平。雄鸟繁殖羽配色独特，棕红色的头部、鲜红的嘴与黑色胸、腹部呈鲜明对比，体背褐，两胁白，肩羽具白色月牙斑，臀羽黑。雌鸟略小，嘴黑色，先端橘黄，嘴尖黑，通体灰褐，头上深褐色与脸颈侧污白色形成鲜明对比。飞行时，白色翼带明显。

ad. M.© 蒋元再

ad. M.&F.© 王威

繁殖于欧洲中、南部至中国北部，越冬于非洲北部和亚洲南部。国内繁殖于西北地区，冬季散布于东南、华中和西南地区，苏南地区属罕见迷鸟。栖息于水生植物丰富的大型湖泊、河口等湿地生境，常与其他浮水鸭（而非潜鸭）混群，取食水生植物嫩叶、根、茎、种子等。觅食动作不似其他潜鸭的潜水行为，而更喜用嘴轻触水面点水觅食。

斑背潜鸭

Aythya marila Greater Scaup

雁形目 · 鸭科

42—51cm 冬候鸟 ★ LC

比凤头潜鸭大，是体型壮实的潜水鸭，嘴灰蓝色，嘴基厚实，嘴尖黑色范围较凤头潜鸭小，头大而圆弧明显，无冠羽，虹膜黄色。雄鸟繁殖羽头、颈黑绿，带金属光泽，背灰白，腹、胁白，臀黑。雌鸟整体深褐，嘴基有明显白斑，耳后有淡色月牙斑。雄鸟一龄冬羽早期，嘴色较雌鸟更显亮灰色，背部可见向繁殖羽换羽的淡色斑。

ad. F.© 钱旻罡

广布于亚欧大陆及北美地区，国内越冬于长江流域至华南地区。栖息于海岸、湖泊、河口等湿地生境，内陆较少见，常单独或小群与凤头潜鸭混群，取食鱼虾、螺贝及水生植物等。

本种拉丁属名“*Aythya*”意为可潜水的小型海鸟；种加词“*marila*”意为深灰色，可能是指成鸟雄鸟背部的羽色。

ad. F.© 钱旻罡

1-w.M.© 郁滔

斑头秋沙鸭

Mergellus albellus Smew

雁形目 · 鸭科

38—44cm 冬候鸟 ★★ 二级 LC

体型最小的秋沙鸭，雌雄相异。雄鸟繁殖羽全身近乎雪白（远观十分醒目），配以黑色眼罩，是名副其实的“熊猫鸭”。额顶部白色丝状冠羽有时略耸起，上背黑色，后枕、胸侧有黑色细窄条纹，体侧灰色。雌鸟略小，深褐色的头枕部与白色的脸颊、颈部形成鲜明对比，眼先黑色，体侧灰褐色。飞行时，大块的白色覆羽与翼镜上、下缘的白色横带内侧相连接，甚为醒目。

ad. M.© 蒋元冉

广泛繁殖于亚欧大陆北部，国内广布于东北至西南地区，越冬于东部及南部地区。栖息活动于湖泊、河口等淡水环境，潜水取食水生植物、昆虫、小鱼及甲壳类动物等。近年长荡湖水域有少量越冬记录。

ad. M.&F.© 惠一鸣

雉鸡

Phasianus colchicus Common Pheasant

鸡形目 · 雉科

60—85cm 留鸟 ★★★★ LC

本种亚种繁多，各亚种间羽色有诸多差异。雄鸟体大，头部黑绿色，具耀眼的金属光泽，眼周红色裸皮宽大，我国东部各亚种有明显的白色颈环，某些亚种有白眉。体背及两胁具难以形容的丰富羽色，十分惊艳，从深褐色、白色、黑色、灰色至金色。体下深褐色或棕黄色，腰银灰色，尾褐色，甚长而尖，并具黑色横纹。雌鸟体形小而色暗淡，周身密布浅褐色斑纹。

ad. F. © 汤晓梅

ad. M. © 张浩勇

栖息环境多样，林地、农田、开阔草丛、荒地等均有活动，喜在干燥的低茎草地活动、觅食，杂食性。性较隐秘，多在人经过时意外惊飞，受惊时迅速起飞，振翅声大，繁殖期雄鸟常发出“咽—咽—咽—”鸣叫。

鹌鹑

Coturnix japonica Japanese Quail

鸡形目 · 雉科

17—19cm 冬候鸟 ★★★ NT

圆胖、短尾的小型雉类，两性皆有长白眉线，雄鸟繁殖期脸颊、颏、喉栗色，雌鸟为斑驳灰褐色，体羽为深褐色伴黑色横斑及乳白色纵纹，构成良好伪装色。体下皮黄，胸及两胁具黑色条纹。飞行时，翼上为较均匀的深褐色，翼下色浅，体背可见醒目的白色纵纹。

ad. © 袁子晟

繁殖于蒙古、西伯利亚东部、日本北部和朝鲜半岛，越冬于中国华东地区、东南亚北部地区。栖息于平原草地、农田及植被丰富杂乱的荒野灌丛及湖边草滩，行踪隐秘，常于接近时突然惊飞方被发现，短距离飞行后迅即落地藏匿于草丛中。

ad. M. © 许元俊

小䴙䴘

Tachybaptus ruficollis Little Grebe

䴙䴘目 · 䴙䴘科

23—29cm 留鸟 ★★★★★ LC

繁殖羽头部黑褐，脸至前颈栗红，嘴基有明显黄白色斑块，胸、背黑褐，体下褐色转淡。非繁殖羽色浅，整体转灰褐，嘴由黑转肉褐色。亚成似成鸟非繁殖羽，但虹膜色较暗，不黄，幼鸟脸及颈有黑白花纹。

ad. & juv. © 蒋继军

non-br. ad.© 尹勇

br.ad. © 尹勇

广布于各种低地的人工或自然水域，擅潜水，捕食小型水体动物。受惊后常潜水逃遁，或贴水面半飞半跑地短距离飞行。繁殖期于远离岸边的芦苇、灌丛水面营建浮巢，育雏时会将幼鸟驮于背上，常被公众误认为“小鸭子”。

凤头䴙䴘

Podiceps cristatus　Great Crested Grebe

䴙䴘目 • 䴙䴘科

46—51cm　冬候鸟 / 夏候鸟　★★★★　LC

虹膜红色，繁殖羽头上黑色、具明显羽冠，眼先、颏白，脸侧及上颈具栗红及黑色鬃毛状饰羽，颈修长，后颈及背黑褐，前颈、胸及腹白色。非繁殖羽羽色明显转白，脸侧及上颈饰羽消失。水中体型修长、姿态优雅，潜水时无跳跃动作。

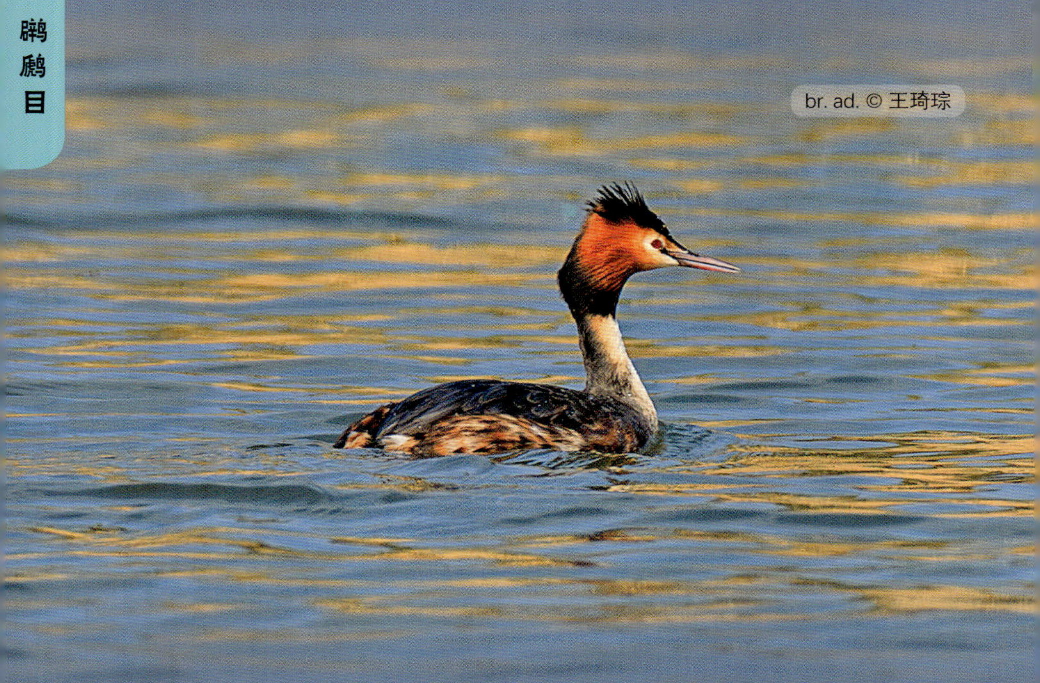

br. ad. © 王琦琮

non-br. ad. © 王威

国内广布于各地，繁殖于较大且芦苇环境的内陆湖泊，于黄河以南的海岸和内陆开阔的湖泊、水库及较大河流越冬。擅潜水，多单独活动，捕食鱼类、昆虫及水中无脊椎动物等。繁殖期会以企鹅姿势站立水面，表演跳探戈般的点头、摇头、撞胸等炫耀动作，有时嘴里还衔着水草。

黑颈䴙䴘

Podiceps nigricollis Black-necked Grebe

䴙䴘目 · 䴙䴘科

28—34cm 冬候鸟 / 旅鸟 ★★ 二级 LC

虹膜红色，嘴灰黑，微上翘，头圆，头顶高耸。繁殖羽头、颈、背黑色，眼后有一簇金黄色饰羽，腹侧红褐。非繁殖羽羽色转淡，眼后无饰羽，头、颈后至背黑褐，前颈灰，颊、喉白，头顶黑色延伸至眼下。

br. ad.（南通东凌）© 王威

non-br. ad. © 郁滔

指名亚种 *P.n.nigricollis* 繁殖于欧洲东部至俄罗斯远东地区、中国东北部，越冬于日本北部至朝鲜半岛南部、中国沿海。迁徙越冬于内陆湖泊、河口湿地，擅潜水，多单独活动，捕食鱼类、昆虫及其他部分水生无脊椎动物等。

东方白鹳

Ciconia boyciana　Oriental Stork

鹳形目 · 鹳科

110—115cm 冬候鸟 / 旅鸟 ★ 一级 EN 附录 I

体型甚大的鹳科鸟类。虹膜黄白色，嘴黑、粗壮而尖直，脚深红。成鸟除黑色飞羽外，通体大致白色，站立时高大且脖颈直立。飞行时，颈伸直，黑色飞羽与白色体羽对比明显。

ad.© 王威

ad.© 郁滔

东亚特有种，繁殖于俄罗斯远东地区南部，中国东北、华北及华东地区北部，越冬于中国东南部。营巢于高大树冠层或高压电塔上，栖息于开阔的沼泽湿地、田野，主食鱼类，也捕食其他小动物。飞行时振翅缓慢，善翱翔。繁殖期上、下嘴相击，声如响板。

白琵鹭

Platalea leucorodia Eurasian Spoonbill

鹈形目 · 鹮科

70—95cm 冬候鸟 ★★ 二级 LC 附录 II

虹膜深红色，灰黑色的嘴长直而上下扁平，先端黄色并扩大呈匙状，整体犹如琵琶，上嘴具皱褶纹，眼先至嘴基有黑色线，脚黑色。成鸟全身近白，繁殖期头后垂黄或白色长饰羽，喉具橘黄色（黑脸琵鹭无此特点），前胸色黄。飞行时长颈前伸，嘴长（平视呈线形），背部明显拱起。幼鸟上嘴平滑无皱纹，初级飞羽末端黑色。

non-br.ad.© 王威

juv.© 郁滔

广布于欧洲南部至亚洲。国内广布于各地，繁殖于东北和西北，迁徙经华北、西北和西南地区，越冬于长江流域及其以南地区。常集群活动于湖泊、河口、沿海沼泽湿地等环境，觅食于浅水区，一边在水中行走，一边将嘴张开探入水中，左右来回扫动，借助嘴部感受器捕食虾蟹、鱼、水生昆虫、蛙、甲壳类、软体动物等。

鹈形目

黑脸琵鹭

Platalea minor Black-faced Spoonbill

鹈形目 · 鹮科

60—78cm 旅鸟 ★ 一级 EN

与白琵鹭非常相似，但体型较白琵鹭略小，脸上黑色范围较白琵鹭大，额、眼周至嘴基全黑（远观看不清眼睛轮廓）。嘴全黑，嘴尖无黄色。常见于沿海滩涂以及内陆淡水湖泊、沼泽、河口、稻田等湿地生境，常与白琵鹭、大白鹭、白鹭、苍鹭等涉禽混群，习性和觅食行为类似白琵鹭。

ad.© 郁滔

黑脸琵鹭

黑脸琵鹭（幼）

juv.© 蒋徐阳

黑脸琵鹭，东亚特有种，是世界上六种琵鹭中体型最小、种群数量也最为稀少的一种。繁殖于朝鲜半岛西海岸，中国东北、山东海岸的狭窄区域，越冬于中国台湾地区及华南地区，越南北部红河三角洲以及韩国济州岛、泰国、柬埔寨、菲律宾，少量见于日本九州岛。

由于人类工农业活动、污染、栖息地破坏等因素影响，黑脸琵鹭的种群数量迅速下降，1998 年亚洲各国的黑脸琵鹭不足 300 只。经过多年不懈的国际合作与保护，黑脸琵鹭的种群数量由 90 年代的几百只恢复到 2021 年的 5222 只，显示全球范围内这一珍稀动物的数量正持续稳定地回升。

大麻鳽

Botaurus stellaris Great Bittern

鹈形目 · 鹭科

69—81cm 冬候鸟 ★★★ LC

体型较苍鹭或草鹭小，颈粗壮而短，整体羽色斑驳。头顶及后枕黑色，体背黄褐遍布黑色条纹，颈、胸、腹部皮黄伴三条粗褐色纵纹。飞行时，翼覆羽黄褐色与飞羽暗褐色形成对比，圆形的翼飞行时有一种鸮的感觉，但从伸出尾后的脚可以区分。

ad.© 王昕

ad.© 徐灿军

国内广布于除青藏高原外其他地区，越冬于华北、华东和华南地区。性隐秘，多单独于晨昏活动，白天多隐蔽在水边芦苇丛或草丛中，停栖或受惊时凝神呆立于丛中，头、颈向上垂直伸直，嘴尖朝向天空，和四周芦苇、枯草生境融为一体，甚难发现。捕食鱼虾、两栖类、昆虫、甲壳类及软体动物。

黄苇鳽

Botaurus sinensis Yellow Bittern

鹈形目 · 鹭科

30—40cm 夏候鸟 ★★★★ LC

成鸟头上灰黑，体上淡黄褐色，体下皮黄，有褐色纵纹由喉延伸至胸腹。飞行时，黑色飞羽与皮黄色覆羽成强烈对比。幼鸟似成鸟，头上灰黑色不显，全身满布暗褐色纵纹。

ad.© 王昕

ad.© 张浩勇

juv.© 沈晓玮

广布于亚洲各地，国内除西部地区外广泛分布。性机警，不喜集群，常单独活动，隐匿于湿地及其附近的苇丛、草丛、荷塘及水田中，以鱼类、昆虫、两栖类及其他部分无脊椎动物为食。

黑鳽

Botaurus flavicollis　Black Bittern

鹈形目・鹭科

49—59cm　夏候鸟　★★　LC

嘴、脚黑褐色。雄鸟体青黑色，喉白，颈侧鲜黄，颈至胸具黑褐及乳黄色相间之纵纹，腹以下暗青灰色。雌鸟似雄鸟，但羽色较浅，体下褐色，白色纵纹较多。幼鸟似雌鸟，体背具淡色鳞状羽缘。

ad. M. © 王昕

ad. M. © 张浩勇

分布于东亚、东南亚至澳大利亚，指名亚种为不常见的夏季繁殖鸟，国内主要见于秦岭以南地区。性羞怯，常在晨昏和夜间活动于溪边、水田、湖岸及芦苇沼泽处寻觅食物。夏季，常州丁塘河湿地和长荡湖湿地有零星个体记录。

白鹭

Egretta garzetta　Little Egret

鹈形目·鹭科

55—65cm　留鸟　★★★★★　LC

嘴及腿黑色，趾黄色，繁殖羽纯白，头后具2—3根细长饰羽，背及胸具蓑状羽。

br.ad. © 尹勇

non-br.ad. © 尹勇

广泛分布于各种湿地环境，主食鱼类、两爬类及昆虫，常以脚搅动水底，惊起底栖动物加以捕食。

中白鹭

Ardea intermedia　Intermediate Egret

鹈形目 · 鹭科

62—70cm　夏候鸟　★★★　LC

虹膜黄色，嘴裂仅至眼下，脚黑色。成鸟全身白色，颈部呈“S”形但无明显扭结。繁殖羽嘴黑色，眼先鲜黄色，下颈及背有蓬松细长蓑羽。非繁殖羽嘴转黄色，多数个体先端黑，眼先黄绿色，颈、肩无饰羽。

non-br. ad.（10 月）赵珺

br. ad.（3 月）蒋继军

国内主要见于华北及其以南地区，区域性常见。于多数地区为夏候鸟，于华南南部为冬候鸟，于西南部分地区为留鸟。活动于各种湿地生境，单独或小群活动，也会与其他鹭类混群。常州地区为夏候鸟，在迁徙季应注意与大白鹭相鉴别。

大白鹭

Ardea alba Great Egret

鹈形目·鹭科

90—100cm 冬候鸟 / 旅鸟 / 夏候鸟 ★★★★ LC

大型鹭类，姿态优雅，成鸟通体白色，繁殖羽嘴黑色，眼先绿色，背部具延长且下垂的丝状饰羽，前颈基部亦具较短蓑羽，颈呈明显大“S”形并具明显扭结。非繁殖羽嘴及眼先转黄色，颈背无饰羽。换羽中的个体嘴尖带黑色，应注意与中白鹭鉴别。本种体型较大，颈及嘴较长，嘴裂深、超过眼后，是与中白鹭的主要区别。

br. ad. © 惠一鸣

non-br. ad. © 王威

分布于全球，国内繁殖于长江以北大部分地区，越冬于华南南部及西南。活动于沼泽、湖泊、水田及海岸岩石地带等生境，很少集群活动，会与其他鹭类混群。本种常州主要为冬候鸟。

夜鹭

Nycticorax nycticorax Black-crowned Night Heron

鹈形目 · 鹭科

58—65cm 留鸟 / 冬候鸟 ★★★★★ LC

成鸟虹膜鲜红，顶冠及背蓝黑色，颈及胸白，颈背具两条白色丝状羽，两翼及尾浅灰色。雌鸟体型较雄鸟小。幼鸟虹膜黄或橙黄色，随年龄渐长，体上灰色越浓，体上点斑及体下斑纹渐少。站立时常保持缩头躬身的姿态。与其他鹭类不同，夜鹭颈显得十分粗短，飞行时易辨认。

ad.© 尹勇

juv.（一龄）© 尹勇

juv.（二龄）© 苏丹

各种湿地环境常见，喜群体树栖，多黄昏活动，主食鱼虾、两爬等小型动物。

本种属名和种加词均为“*nycticorax*”，由“*nyx*”（晚上）+“*corax*”（渡鸦）组成，直译为夜晚的渡鸦，意指夜鹭喜黄昏傍晚活动，粗哑的叫声似鸦类。

池鹭

Ardeola bacchus　Chinese Pond Heron

鹈形目 · 鹭科

38—50cm　夏候鸟 / 留鸟　★★★★　LC

虹膜黄色，嘴黄、端黑，脚黄绿色。繁殖羽头颈栗红色，胸具栗紫色饰羽，背部蓝黑色蓑羽延伸至尾部，其余部位白色。非繁殖羽头、颈、胸灰白，满布黑褐色纵纹，背及翼覆羽深褐色。飞行时，翼羽白色而背部深褐。

br. ad. © 郁滔

br. ad. © 王昕

non-br. ad. © 王昕

分布于东亚及东南亚，国内广泛分布，甚常见。多活动于河流、湖泊、沼泽、水田等淡水湿地，多单独活动或与其他鹭类混群。主食鱼类、两栖类、昆虫等小型动物。

本种的种加词“*bacchus*”原指罗马神话中的酒神巴克斯，池鹭繁殖羽头颈部甚似红酒的颜色。

绿鹭

Butorides striata Striated Heron

鹈形目 · 鹭科

35—48cm 夏候鸟 ★★ LC

体型较小的鹭鸟，虹膜黄色，嘴黑，脚黄绿色。成鸟头顶及饰羽黑，眼先及眼圈黄绿色，一道黑色线从嘴基过眼下延至颊后，翼及尾羽青蓝色具绿色光泽，翼覆羽密布白色羽缘构成独特的斑纹，与体背部均匀的青灰色形成鲜明对比。

ad. © 郁滔

国内数量较稀少，性羞怯，独居于周围植被丰富的河流、湖泊、池塘、沼泽和水田等生境，常立于湖边岸滩或湖面竹竿上，多于晨昏单独活动，主食鱼类、两栖类、昆虫等小型动物。

ad. © 王威

牛背鹭

Ardea coromanda　Eastern Cattle Egret

鹈形目 · 鹭科

47—55cm　夏候鸟　★★★★★　LC

虹膜黄色，嘴黄，眼先黄绿，脚黑褐。成鸟全身白，繁殖羽头、颈、上胸及背有橙黄色饰羽，而非繁殖期无饰羽。本种体型较小而矮壮，嘴全黄而短粗，颈部较短粗而头圆。

br. ad. © 黄风英

non-br. ad. © 缪言

br. ad. © 尹勇

国内广布于除东北和西北外的大部地区，喜集群活动于较干旱而非水边的区域觅食，如内陆湿地、耕地、草地等生境。本种是世界上唯一不以食鱼为主而以昆虫为主食的鹭类，喜跟随大型牲畜如水牛或农耕机捕食被惊起或被机械耕犁翻起的昆虫，因常在牛背上歇息而得名。上述习性与其他鹭类明显不同，有助于鉴别。

苍鹭

Ardea cinerea　Grey Heron

鹈形目 • 鹭科

80—110cm　留鸟 / 旅鸟　★★★★　LC

大型鹭类，嘴橘黄，脚灰褐色。成鸟头后饰羽黑色，头、颈灰白，前颈有2—3条黑色纵纹。体背灰色，翼覆羽色较浅，翼角与飞羽黑色，胸、腹及尾下覆羽灰白，胫部内侧黑色。飞行缓慢，振翅显得笨重，颈部缩起呈明显圆凸状，翼上下的黑色飞羽与灰色覆羽对比明显。

ad. © 沈晓玮

广布于亚欧大陆及非洲大陆，国内各省皆有分布，见于各类湿地浅水区域。性孤僻，冬季常成松散大群，主食鱼类、两栖类和各种小型动物。

ad. © 王琦琮

草鹭

Ardea purpurea　Purple Heron

鹈形目 · 鹭科

70—90cm　夏候鸟　★★★　LC

虹膜黄色，嘴、脚黄褐。成鸟栗、黑和灰色混杂，顶冠及饰羽黑色，一道黑色线从嘴基过眼下及脸颊延至枕后，颈细长，栗褐色，颈侧具黑色纵纹，背及覆羽、尾羽暗灰色，肩羽栗褐，腹紫褐，飞羽黑。幼鸟整体更偏褐色，头顶无长饰羽，体背有鳞状羽缘，颈侧黑色纵纹不明显，腹污白。飞行时，颈部突出较苍鹭更为明显，翼上黑色飞羽与褐色覆羽对比不甚明显，翼下整体色深。

ad. © 王国波

国内东北、华北、华东及华中地区为夏候鸟，栖息于芦苇沼泽、湖泊等水生植被丰富的生境，营巢于芦苇或杂草丛中。性孤僻，常单独于晨昏活动，取食鱼类、两栖类及其他小动物，远不如苍鹭常见。

juv. © 惠一鸣

卷羽鹈鹕

Pelecanus crispus　Dalmatian Pelican

鹈形目 · 鹈鹕科

160—180cm　旅鸟　★　一级　NT　附录 I

翼展 270—320cm 的珍稀大型涉禽。虹膜黄白色，眼周裸皮黄色，嘴灰褐，下嘴具乳黄色巨大喉囊。成鸟全身灰白，头后有卷曲短羽冠，颈长，翅型宽大。飞行时振翅缓慢，颈收起，翼上飞羽黑褐，翼下白色，仅飞羽边缘及羽尖黑色。

ad. © 沈晓玮

ad. © 王国波

ad. © 王威

分布于欧洲、中亚和南亚至中国东南部，为中国东南部少见而分布局限的冬候鸟。栖息于内陆淡水湖泊、河口、沼泽、沿海水域，喜群居，主食鱼类，也捕食甲壳类、两栖类及软体动物。2023 年 12 月 25 日，常州首次记录到三只卷羽鹈鹕，在长荡湖水域停留两天后继续南迁。

普通鸬鹚

Phalacrocorax carbo　Great Cormorant

鲣鸟目 · 鸬鹚科

77—94cm　留鸟 / 冬候鸟　★★★★★　LC

虹膜碧绿色，上嘴黑，下嘴灰白色，脚黑色，趾间具全蹼。繁殖羽全身大致黑色、具金属光泽，喉囊黄色，脸颊白，嘴裂处之黄色裸皮区呈钝角状。头、颈呈现大片白色丝状羽，后胁有大块白斑。非繁殖羽头无白色丝状羽，后胁无白斑。游泳时吃水很深，头向上扬起，潜水前有跳跃动作。

br. ad. © 王昕

国内广布，多为北方地区夏候鸟，南方地区冬候鸟或留鸟。常栖息于河流、湖泊、池塘、水库、河口等地带，常成群活动，飞行时成纵列或“人”字形群飞。以鱼类为主食，擅潜水，在水下追捕猎物。

non-br. ad. © 郁滔

鹗

Pandion haliaetus Osprey

鹰形目 • 鹗科

56—62cm 旅鸟 / 冬候鸟 ★★★ 二级 LC

最为亲近水体的中型猛禽，成鸟虹膜黄色，眼后纹宽黑，整体羽色黑白分明，头顶及腹面白，体上深褐色，胸部密布纵纹形成深色胸带，雌鸟胸带通常更为宽黑明显。幼鸟虹膜橙色，体上见明显淡色羽缘，翼下覆羽后缘的深色条带及尾端黑带不甚明显。飞行时翼甚窄长，尾短，翼指 5 枚，两翼狭窄屈折，并于基部上提，末端下垂，呈“M”形。

ad. © 王昕

ad. © 郁滔

全球广布，国内为指名亚种，迁徙经朝鲜半岛，越冬于日本本州岛及中国东部、东南部广大地区。常栖息于河流、湖泊、海岸等地，常于水域做低空飞行或高空盘旋，发现猎物时急速俯冲入水捕食，成功后“挂弹”飞行，途中会调整猎物呈头前尾后的平行姿态飞行，至水域或岸边木桩、枯树或山石上进食。

本种拉丁属名“*Pandion*”以一位雅典的国王命名，传说他的女儿变成了鸟类；种加词“*haliaetus*”意为海雕，鹗的学名全称意为“一位雅典国王的女儿化身的海雕”。

鹰形目

黑翅鸢

Elanus caeruleus Black-winged Kite

鹰形目 · 鹰科

31—37cm 留鸟 ★★★ 二级 LC

雌雄同型。虹膜血红色，嘴灰黑，蜡膜黄色，足黄色。成鸟脸、颈侧及体下白色，眼周黑色明显，头顶、背、两翼至尾羽银灰色，肩部黑色，翼长尾短，停栖时翼尖超过尾端。幼鸟虹膜黄褐，体上沾褐色并具明显白色羽缘。飞行时，黑色的翼上中、小覆羽及翼下初级飞羽与白色体羽呈鲜明对比，滑翔时双翼上扬呈深“V”形，甚易识别。

ad. © 惠一鸣

juv. © 孙伟杰

喜活动于湖岸湿地附近干燥的开阔草地、废耕田等生境，常停栖于孤立树顶或电线杆等制高点上，具高超的飞行能力，常在湖畔开阔地低空快速振翅悬停和轻盈滑翔，以鼠类、小型鸟类、蜥蜴、昆虫为食。

白腹鹞

Circus spilonotus　Eastern Marsh Harrier

鹰形目 · 鹰科

48—58cm 冬候鸟 / 旅鸟 ★★★ 二级 LC

雄鸟色型复杂多样，中国型灰头个体头脸灰黑，喉胸密布黑褐色细纵纹，腹面白，夹杂稀疏细纵纹，体上羽色斑驳黑褐色，翼端黑，翼下覆羽白色，具黑褐色纵纹及点斑，尾上覆羽白，尾羽灰。中国型黑头个体头颈黑色，上胸密布黑色纵纹，翼端黑色浓重。雌鸟整体呈褐色，头颈、腹面密布褐色纵纹，体上羽色斑驳，尾上覆羽不纯白，具暗色横斑，尾羽褐色，具 5—6 条暗色横带。幼鸟虹膜褐色而非成鸟的黄色，整体大致深褐色，某些色型头、胸有不同程度乳白色。

ad.M. （灰头型）© 徐灿军

juv.© 郁滔

ad.F.© 许元俊

imm.© 尹勇

飞行时，翼及尾羽窄长，翼指 5 枚，两翼上扬呈浅“V”形，飞行气质上显得摇摆不定，低飞时缓慢鼓翼与滑翔交替。喜活动于沼泽湿地上空及开阔的高草芦苇生境，以鼠类、小型鸟类、蜥蜴、昆虫为食。

白尾鹞

Circus cyaneus Hen Harrier

鹰形目 · 鹰科

43—54cm 旅鸟 ★★ 二级 LC

雄鸟虹膜黄色，头颈至背、尾羽灰色，腰及腹面白色，翼尖黑色。雌鸟成熟个体虹膜黄色，体上大致褐色，头部有细白斑围成之面盘，眼周白色明显，尾羽有 4—5 条黑色横带，尾端黑带粗显，腹面淡褐，上腹具褐色纵纹，下腹及尾下覆羽为“心”形斑，尾上覆羽白腰明显。幼鸟似雌鸟，但虹膜褐色，腹面更偏红褐色，下腹及尾下覆羽为纵纹而非心形斑。飞行时，翼及尾羽窄长，翼指 5 枚，两翼上扬呈浅“V”形，雌鸟及幼鸟翼下次级飞羽 3 条深色粗翼带醒目。

ad.F.© 王昕

ad.M.© 郁滔

juv.© 尹勇

亚欧大陆北部常见的湿地旷野鹞属猛禽，常单独或成对活动，在湿地上空或边缘草地低空绕圈巡弋，飞行姿态轻盈，发现猎物会突然转身俯冲捕食，以鼠类、小型鸟类等为食。

本种属名“*Circus*”意指环形的赛马场，这里用以描述白尾鹞环形巡弋觅食的特点；种加词“*cyaneus*”来自希腊语“灰蓝色的”，是指白尾鹞成年雄鸟体上的羽色。鹞属猛禽高度依赖开阔的湿地芦苇生境，但此类栖息环境在人类生产生活开发利用的背景下日益稀少，令人担忧。

鹊鹞

Circus melanoleucos Pied Harrier

鹰形目 · 鹰科

43—50cm 旅鸟 ★★ 二级 LC

雄鸟虹膜黄色，整体羽色黑白分明，十分靓丽，站立时羽色似喜鹊，飞行时背部黑色形成醒目的三叉戟斑，尾羽灰色，腰及腹面白色，翼尖黑色。雌鸟体上大致褐色，头部有白色细斑环绕之面盘，胸部具褐色粗纵纹，腹面白，翼下飞羽黑色横带不及白尾鹞雌鸟明显，尾上覆羽白，尾浅灰，具4—5道深色横带。幼鸟似雌鸟，但虹膜褐色或暗黄，头、背、腹面及翼下覆羽纯棕褐色；雌幼鸟枕部具白斑，初级飞羽基部细横纹不及白尾鹞明显。飞行时，翼及尾羽窄长，翼指5枚，两翼上扬呈浅“V”形。

ad.M.© 王国波

juv.© 王威

繁殖于东北亚，迁徙时经过我国东部至西南地区，越冬于长江流域以南至中南半岛及印度次大陆。本地属少见的过境鹞属猛禽，常单独活动，偏好开阔的沼泽湿地，飞行姿态更显轻盈。

普通鵟

Buteo japonicus Eastern Buzzard

鹰形目·鹰科

50—60cm 冬候鸟 / 旅鸟 ★★★ 二级 LC

成鸟虹膜暗褐色，裸足，体上深褐色伴淡色羽缘，腹面皮黄。雄鸟腹部深色带较雌鸟宽而浓重，飞行时头短粗，整体轮廓圆胖，翼宽而端黑，翼指5枚，黑色腕斑醒目，尾羽常呈扇形展开，具多道细横纹，尾上褐色，尾下米白色，尾及背色均匀一致。幼鸟虹膜淡黄，翼后缘及尾端无深色带，尾羽细横纹更为明显，翼上初级飞羽基部色淡形成淡色翼窗，需注意与大鵟鉴别。

ad.M.© 孙艳

juv.© 蒋徐阳

juv.© 王威

指名亚种繁殖于俄罗斯远东地区、日本及朝鲜半岛，迁徙经中国东部地区，越冬于长江中下游以南地区及东南亚。冬季常单独活动于有疏林的开阔农田、郊野、荒地，停栖于电杆、枯树上，飞行稳重缓慢，觅食时可低空悬停，主食鼠类。

大鵟

Buteo hemilasius Upland Buzzard

鹰形目 · 鹰科

57—67cm 冬候鸟 ★ 二级 LC

身姿壮硕，站立时似小型的雕，半毛足。（淡色型）成鸟头、胸乳白，体上褐色伴淡色羽缘，腹面皮黄，下腹两侧具深褐色带。飞行时翼展明显较普通鵟宽大，翼指 5 枚，黑色腕斑明显，翼后缘及翼尖黑。初级飞羽基部白，形成醒目白色翼窗，尾羽乳白，具多条暗褐色细横纹，尾端较明显，下腹两侧深褐色带不相连，形成暗色“V”形纹。

ad.© 王国波

ad.© 陈文雄

ad.© 王国波

国内最大的鵟属猛禽，冬季在我国北方、中东部地区有越冬记录，长江以南地区较少见。冬季常单独活动于森林山地及开阔的农田、旷野，飞行稳重，振翅深而缓慢，捕食鼠类、野兔、鸟类等。2023 年 12 月 2 日，常州首次在长荡湖西路记录到大鵟，后在长荡湖东、西两侧及滆湖都有单只目击记录。

普通秧鸡

Rallus indicus　Brown-cheeked Rail

鹤形目 · 秧鸡科

25—28cm　冬候鸟　★★　LC

虹膜深红色，嘴红色至黑色，脚红色。成鸟体上大致榄褐色，具明显黑色纵斑，头顶深褐，脸颊、颈侧灰蓝，具显著的暗褐色粗过眼线。胸及上腹灰褐色调，两胁及下腹密布黑白相间横纹，尾下覆羽白色，具黑色点斑。

ad. © 蒋元再

广布于世界各地，国内越冬于华东、华南地区。性羞怯，隐秘，常栖息于沼泽、湖泊岸边、芦苇、灌丛，警觉性高，多在晨昏活动，受惊后快速窜入草丛中（因此寻找时应留意湿地边缘地带，保持一定距离安静观察）。以水生昆虫、蝌蚪、蚯蚓、蛙类等为食。鸣声为轻柔的“chip—chip—chip”叫声，繁殖期会发出连续单音节响亮的笛声般叫声。

ad. © 王昕

白胸苦恶鸟

Amaurornis phoenicurus White-breasted Waterhen

鹤形目 · 秧鸡科

28—33cm 夏候鸟 / 留鸟 ★★★★ LC

虹膜红褐色，嘴黄绿色，上嘴基红色，脚橙黄色。成鸟体上深青灰色，额、脸、胸及上腹部白色，下腹及尾下覆羽棕红色。

ad. © 张浩勇

ad. © 王威

国内分布于华北、华东、华南及西南等地区，常栖息于平原地带的沼泽、溪流、水塘、稻田等潮湿环境。性羞怯、隐秘，警觉性高，多在晨昏活动，行走时头颈前后伸缩，尾部上下不停摆动，受惊后快速窜入草丛或短距离飞行。以植物嫩芽、软体动物、昆虫、螺贝为食。常发出连续单调的类似“苦哇—苦哇—”叫声。

红脚田鸡

Zapornia akool Brown Crake

鹤形目 · 秧鸡科

25—28cm 留鸟 ★★★ LC

虹膜深红色，嘴基黄绿，嘴尖黑，脚红。成鸟体上橄褐色，脸侧至胸腹青灰色，喉白，尾下覆羽褐色。

鹤形目

ad. © 惠一鸣

ad. © 张浩勇

国内见于华南、华东、西南等地区，为区域性常见留鸟，常栖息于平原和低山丘陵地带的沼泽草地，尤喜富有水生植物的溪流、水塘、稻田。性羞怯机警，多于晨昏活动，尾常上翘并抖动，在水生植物或岸边行走取食，主要以无脊椎动物、植物为食。

红胸田鸡

Zapornia fusca　Ruddy-breasted Crake

鹤形目 · 秧鸡科

19—23cm　夏候鸟　★　LC

虹膜血红色，嘴灰黑色，脚红色，体背、两翼及尾上纯深褐色，头侧、颈、胸至上腹棕红色，下腹及尾下覆羽黑，具白色细横纹。

国内见于华南、华东、西南等地区，为区域性常见留鸟，常栖息于苇草茂密的沼泽、水塘、稻田。性羞怯机警，多在晨昏活动，遇危险会快速奔跑藏匿于草丛中，主要以植物嫩芽、水生昆虫及软体动物为食。繁殖期会发出单音节响亮的哨音，有时不断重复且速度逐渐加快。2023 年 7 月 30 日，长荡湖湿地首次记录到该种，为常州鸟类名录新记录鸟种。

黑水鸡

Gallinula chloropus　Common Moorhen

鹤形目 · 秧鸡科

24—35cm　留鸟　★★★★★　LC

通体青黑色，虹膜暗红色，嘴及额甲亮红，先端黄色，脚黄绿色，脚趾甚长而纤细，两肋具白色细纹，尾下覆羽两侧有大块椭圆形白斑。幼鸟羽色暗淡，嘴及额甲灰褐色，胁部白纹及尾下覆羽的白斑有助于识别。

ad. © 王威

常见留鸟，喜栖于池塘、湖泊、沼泽湿地旁的草丛及水田，于水面浮生植物上行走，尾不停上翘；于水面缓慢游弋但不会潜水，起飞前贴水面助跑，仅做短距离飞行。主食水生植物、昆虫、蝌蚪等。

黑水鸡的拉丁学名很有意思，属名“*Gallinula*”意为“小母鸡”；种加词“*chloropus*”表示“绿色的足”。

juv. © 蒋继军

白骨顶

Fulica atra Eurasian Coot

鹤形目 · 秧鸡科

35—41cm 冬候鸟 ★★★★★ LC

成鸟通体黑色，虹膜暗红，嘴及额甲象牙白，脚黄绿色，趾灰色，趾间有瓣蹼，尾短，飞行时翼下白色飞羽与深色覆羽对比明显。

国内黄河以北大部地区为夏候鸟，黄河以南大部地区为冬候鸟。常栖息于低地、平原有水生植物的湖泊、水塘、沼泽等开阔水域或草泽地带，游泳时常做点头动作，觅食时常频繁潜水，这与黑水鸡明显不同。

白头鹤

Grus monacha Hooded Crane

鹤形目 · 鹤科

91—100cm 旅鸟 ★ 一级 VU 附录 II

体型较小的深色鹤，嘴黄绿色，脚灰黑。成鸟除头、颈部白色外，通体大致灰黑色，前额及眼先黑色，头顶前部裸皮红色。飞行时，除头颈部白色外，羽色整体甚黑。

ad. © 蒋元再

东亚特有种，分布于西伯利亚东南部至中国北部，大部种群越冬于日本九州岛西南，也有迁徙至中国华北、华中和东部地区的越冬种群。迁徙和越冬时，栖息于农田、沼泽湿地、草地及湖泊周围，集群活动，主食水生植物的茎叶、根、种子以及各种谷物，也捕食昆虫和软体动物。2021 年 11 月 15 日，常州首次在长荡湖记录到两只白头鹤；2023 年 1 月 8 日，长荡湖再次记录到一只白头鹤。

ad. © 管吕亮

白鹤

Leucogeranus leucogeranus Siberian Crane

鹤形目 · 鹤科

125—140cm 旅鸟 ★ 一级 CR 附录 I

体型较大的白色鹤，成鸟站立时体羽近全白，飞行时黑色初级飞羽与纯白体羽对比明显，嘴及脚暗红色，额头、眼周至嘴基裸皮红色。幼鸟头颈、背羽棕黄，嘴及脚红色较浅。

繁殖于俄罗斯北极地区，越冬于中国长江中下游的淡水沼泽和湖泊，全球最大越冬地在江西鄱阳湖。迁徙时经过中国东北，偶有冬季在朝鲜半岛、日本九州岛、中国台湾地区的迷鸟记录。迁徙和越冬时，喜栖息于有浅水沼泽的广阔湿地，常以家族活动或与其他鹤类混群，主食水生植物的茎、叶、根、芽、地下块茎，也捕食鱼、蛙、昆虫等。2022 年 11 月 15 日，长荡湖湿地首次记录到四只白鹤（三成一幼）的珍贵影像，为常州鸟类名录新记录鸟种。

反嘴鹬

Recurvirostra avosetta　Pied Avocet

鸻形目 · 反嘴鹬科

42—45cm　旅鸟 / 冬候鸟　★★★★　LC

雌雄相似，嘴黑、细长而上翘，脚蓝灰色。全身白色，头上至后颈、背、部分覆羽及初级飞羽黑色。飞行时，体下除翼尖黑色外全为白色，黑白对比强烈。

ad. © 惠一鸣

喜沿海滩涂、河口、沼泽等大片开阔的浅水湿地，常集群涉水，以上翘的嘴在浅水区左右扫掠，靠嘴尖的触觉感应猎食，取食水中昆虫、蠕虫及甲壳类动物。

反嘴鹬的属名“*Recurvirostra*”由“*Recurvus*”（驼背）和“*rostra*”（喙）组成，意指这类鸟有上翘的嘴；种加词“*avosetta*”是意大利威尼斯人对这一动物的称呼。

ad. © 钱旻罡

黑翅长脚鹬

Himantopus himantopus Black-winged Stilt

鸻形目 · 反嘴鹬科

35—40cm 旅鸟 / 夏候鸟 ★★★★ LC

身姿紧凑，粉红色的脚甚长而显得站姿高挑优雅，嘴黑、细长而尖。成鸟繁殖羽体上黑色，体下全白，头颈部羽色差异变化较多，有的个体头颈全白色，有的个体头顶至后颈黑色或仅头顶及眼周黑色，余部白色。幼鸟嘴基肉褐，体背暗褐色并具明显淡色羽缘，脚淡粉色。飞行时，两翼全黑，与白色体羽对比明显，脚明显伸出尾端。

ad.&juv.© 尹勇

常栖于开阔平原草地中的湖泊、浅水池塘及沼泽地带，也见于沿海水塘，主要捕食各种水生动物，行走时步伐稳健优雅。

本种学名的属名和种加词都是“*himantopus*”，由“*himanto*”（带子）+“*pou*”（足）组成，意指这种鸟的脚长而纤细，像柔软的皮带一样。

br.ad.M.© 郁滔

鸻形目

灰头麦鸡

Vanellus cinereus Grey-headed Lapwing

鸻形目·鸻科

34—37cm 夏候鸟 ★★★★ LC

虹膜红色，眼圈黄，嘴黄、端黑，脚亮黄色。成鸟繁殖羽头、颈灰色，体背褐色，胸部灰色具黑色胸带，腹以下白色。飞行时初级飞羽黑色，与白色的翼下覆羽、次级飞羽、腹及尾羽对比明显，尾端黑，脚伸出尾端明显。非繁殖羽成鸟及幼鸟整体色较淡，胸带色浅或无。

br.ad. © 郁滔

主要繁殖于东亚东部，在亚洲南部越冬，迁徙时于我国中东部地区过境，常栖息于沼泽、农田、平原草地及河滩。性机警，受惊扰会惊叫飞起，并在附近低空盘旋观察，边叫边飞，警戒叫声急促嘹亮，喜在浅水间或草地活动，以昆虫、蚯蚓、螺贝及植物为食。

non-br.ad.© 尹勇

凤头麦鸡

Vanellus vanellus　Northern Lapwing

鸻形目 · 鸻科

28—31cm　冬候鸟　★★★　NT

成鸟繁殖羽头顶、颏、喉至胸黑色，脸污白，眼下有一黑色横纹，头后黑色辫状长羽冠上翘尤为醒目。体上深灰褐色，体侧具绿、紫、黑色金属光泽，腹白，尾上、下覆羽棕红色。非繁殖羽脸转棕褐色，颏、喉及前颈转白，翼上覆羽棕色羽缘明显。飞行时，翼型宽圆，飞羽黑，翼尖、翼下覆羽及腹面白色，尾羽白，尾端黑而宽平，脚不伸出尾端。

non-br. ad. © 郁滔

br. ad. © 尹勇

non-br. ad. © 尹勇

国内越冬于秦岭—淮河以南地区，喜近水的开阔草地、沼泽、湿地、农耕田。性机警，常慢走数步后低头啄食，以昆虫、蠕虫及螺贝为食，常在夜晚借助月光觅食。

本种属名和种加词均为拉丁文“*vanellus*”，由“*vannus*”（扇风）+“*ellus*”（小的）构成，意指本种飞行时圆形的翅膀像一把小扇子。

金斑鸻

Pluvialis fulva Pacific Golden Plover

鸻形目 · 鸻科

23—26cm 旅鸟 ★★ LC

体型稍小于灰斑鸻，站姿挺直，头小。成鸟繁殖羽脸及体下黑色，白色从前额、眉线至颈侧逐渐延伸至两胁和下腹，体背具亮金、白及黑色斑驳碎斑。非繁殖羽及幼鸟体羽多暖黄色，体下黑色消失，颈及胸淡皮黄，具暗色纵纹及点斑。飞行时，无白腰，白翼带不明显，翼下腋羽无黑色斑块。

br.ad.© 惠一鸣

ad.© 王昕

我国东部地区常见旅鸟，迁徙时出现于草地、耕地、湖滨、河流、沼泽及沿海滩涂等生境。单只或松散集群，在泥滩活动觅食，动作优雅，以昆虫、蠕虫等为食。

灰斑鸻

Pluvialis squatarola　Grey Plover

鸻形目 · 鸻科

27—31cm　旅鸟　★ ★　VU

体较金斑鸻粗壮，嘴黑、粗短而结实，脚黑褐。成鸟繁殖羽脸及体下黑色，前额白色条带沿颈侧延伸至胸前，体上灰，具斑驳黑、白及灰褐色碎斑，下腹及尾下覆羽白。非繁殖羽和幼鸟羽色暗淡，体背呈灰褐具黑褐及白色碎斑，体下黑色消失，脸上黑色眼睛尤显突出。飞行时，腰白色，有白翼带，腋羽黑色斑块醒目。

br.ad.© 惠一鸣

迁徙时，常集群活动于沿海滩涂、河口或海岸附近稻田，少量个体出现于内陆湿地生境。喜与其他鸻鹬类混群活动，利用视觉觅食，采取“停—跑—捉”的方式，但动作较缓慢，厚重结实的嘴甚至能压碎蟹壳等坚硬食物。

br. ad.（南通小洋口）© 惠一鸣

环颈鸻

Anarhynchus alexandrinus　Kentish Plover

鸻形目 • 鸻科

15—17cm　旅鸟 / 冬候鸟　★ ★ ★ ★　LC

雄鸟繁殖羽头顶棕色，额白，过眼线黑色，喉白，黑色颈环较窄，于胸前断开，胸腹白色。雌鸟似雄鸟，但头顶、颈环、过眼线近灰褐色。非繁殖羽雄鸟似雌鸟。幼鸟整体褐色，具明显淡色羽缘。

中国江苏环志（上绿下蓝旗标），环志是鸻鹬类研究和保护的重要技术手段

br. M. © 徐灿军

non-br.ad. © 张浩勇

广布于亚欧大陆和非洲北部，为我国大部分地区的候鸟，部分留鸟种群见于长江以南的中国东部及东南部地区。常栖息于沿海滩涂、河口、沼泽地带，也栖息于内陆草地、河边等生境。利用视觉觅食，采取快速跑动、停下、觅食，然后再快速跑动的方式，如此反复。

金眶鸻

Charadrius dubius Little Ringed Plover

鸻形目·鸻科

14—17cm 旅鸟 ★★★★ LC

嘴黑，脚橙黄色。雄鸟繁殖羽体背灰褐色，白色前额上方有一黑色横斑，眉线白，过眼带黑色，金色眼圈鲜亮而醒目，喉、颈环白色，下方具稍窄黑色胸带，胸腹以下白色。非繁殖羽金色眼圈明显浅淡，额斑及胸带转暗褐色。飞行时，无白翼带。

br. M. © 惠一鸣

在我国中、北部地区为常见夏候鸟，南方地区为常见冬候鸟。常栖息于开阔平原的湖泊、河流、沼泽地带，也见于沿海滩涂、河口等生境。

non-br. © 王昕

铁嘴沙鸻

Anarhynchus leschenaultii　Greater Sand Plover

鸻形目 · 鸻科

22—25cm　旅鸟　★★　LC

体型较蒙古沙鸻更大且粗壮，头大而方圆，脚和嘴更长。雄鸟繁殖羽头颈红褐并延伸至胸部，形成稍窄的亮红褐色胸带（有的个体胸带上缘有黑边）且不延至胁部，过眼带黑宽，喉白，腹以下白。雌鸟繁殖羽似雄鸟，但头颈、胸部红褐色较淡，过眼带暗褐色。非繁殖羽整体羽色更显平淡。幼鸟似非繁殖羽，体背具淡色羽缘。飞行时，体背褐色淡于蒙古沙鸻，白翼带较蒙古沙鸻明显，脚略伸出尾端。

br. ad. M.© 惠一鸣

迁徙季经过我国东部沿海滩涂，内陆少见，常见于稍干燥的沙质区域。成群在潮间带觅食，常与其他鸻鹬混群，以昆虫、螺贝、虾蟹为食。春、秋季迁徙经我国东部沿海地区均较蒙古沙鸻早。

br.&non-br.ad.© 惠一鸣

蒙古沙鸻

Anarhynchus mongolus Siberian Sand Plover

鸻形目 • 鸻科

18—21cm 旅鸟 ★★ EN

雄鸟繁殖羽体背灰褐色暗于铁嘴沙鸻，脚色通常较铁嘴沙鸻深，头小而圆，头顶红褐，前额白，上缘有一黑横纹，过眼带黑宽，喉白，后颈及胸带栗红色，胸带范围较宽并延至胁部（色泽深于铁嘴沙鸻），胸带上缘有黑边，腹以下白。雌鸟繁殖羽似雄鸟，但红褐色部分较淡，过眼带暗褐色。非繁殖羽整体羽色平淡。幼鸟似非繁殖羽，体背具淡色羽缘。飞行时，体背褐色较铁嘴沙鸻深，具白翼带，脚不伸出尾端。

br. ad. M.© 惠一鸣

br. & non-br.ad.© 郁滔

东部亚种迁徙季经过我国东部沿海滩涂，出现较铁嘴沙鸻偏晚，内陆少见。成群在潮间带觅食，以昆虫、螺贝、虾蟹、沙蚕等为食。

东方鸻

Anarhynchus veredus　Oriental Plover

鸻形目 · 鸻科

18—20cm　旅鸟　★★　LC

站姿高挑优雅，嘴黑，脚橙黄色。雄鸟繁殖羽头、颈白，头顶夹杂灰褐色，胸部具鲜亮的栗红色，向下渐浓重，下缘有一特征性黑胸带，体背灰褐色，腹以下白色。雌鸟繁殖羽似雄鸟，脸侧及眉线暖褐色，胸部栗红色较淡，无黑胸带。非繁殖羽羽色更显暗淡单调。幼鸟似非繁殖羽，体背具明显淡色羽缘。飞行时，无明显翼带，脚略伸出尾端。

br.M.&F.&juv.© 苏丹

br. ad. M.© 惠一鸣

br.&non-br.ad.© 尹勇

繁殖于西伯利亚中部至蒙古和中国北部，越冬于东南亚和澳大利亚，迁徙季可见于中国东部、朝鲜半岛。栖于干草地、开阔荒地、沼泽、河口等地带。常集小群活动，很少与其他鸻鹬混群，多在草地或浅水处来回奔跑觅食。每年3月下旬至4月初是长荡湖观察东方鸻过境的最佳时期。

剑鸻

Charadrius hiaticula　Common Ringed Plover

鸻形目 • 鸻科

22—25cm　旅鸟　★　LC

体型较大而粗胖的鸻类，嘴短粗，橘黄色、尖端黑褐，虹膜黑褐色，无黄色眼圈，脚亮橘黄色。成鸟繁殖羽体背灰褐色，前额白，额上黑色横斑、黑色过眼带及胸带均较金眶鸻显宽粗而醒目，白眉线略短，喉、颈环及体下白色。非繁殖羽嘴近全黑，仅下嘴基沾黄，额上、过眼带及胸带黑色仍较粗重，脚色橘黄。幼鸟似非繁殖羽，头胸部黑色更淡，体背具淡色羽缘。飞行时，白翼带明显。

br. ad.© 王昕

繁殖于亚欧大陆北部海滨苔原、沿海以及加拿大东北部地区，越冬于亚欧大陆西南及非洲南部。迁徙季我国见于东北、华东、华南沿海以及西北地区，为罕见旅鸟。常于沿海及内陆沙滩和砾石滩活动，靠视觉捕食，以脚拍地惊出洞穴中的猎物，具有典型的“停—跑—捉”的取食方式，以甲壳类、螺贝、蠕虫、昆虫、沙蚕等无脊椎动物为食。2021 年 4 月初于常州长荡湖有一笔宝贵记录，为常州新记录鸟种。

长嘴剑鸻

Charadrius placidus Long-billed Plover

鸻形目 • 鸻科

19—21cm 冬候鸟 ★★ LC

嘴细长，黑色，脚黄，站姿高挑。成鸟繁殖羽体背灰褐，前额白，黄色眼圈细窄，额斑黑色，眉线及喉、颈环白色，具较窄的黑色胸带，腹以下白色。非繁殖羽及幼鸟胸带灰褐色，幼鸟体背具淡色羽缘。似金眶鸻，但本种体型较大，嘴、脚较长，非繁殖羽需注意两者的鉴别。

non-br. ad.（10 月）© 王国波

br.ad.（3 月）© 郁滔

长嘴剑鸻是东亚特有种，偏好有碎石或卵石、岩质岸边的河流、湖岸及湿地生境。单独或成小群活动，很少与其他鸻鹬混群，行进间步伐优雅不急促，有时藏匿于石滩上静止不动，在湿地间攫取昆虫、甲壳类、蠕虫及螺贝为食。

彩鹬

Rostratula benghalensis　Greater Painted Snipe

鸻形目 · 彩鹬科

23—28cm　夏候鸟 / 留鸟　★ ★ ★　LC

雌雄性反转，差异明显，雌鸟偏大。嘴粉红，脚黄绿色。繁殖羽雌鸟羽色艳丽，白色眼眶延伸至眼后，与栗红色头及上胸形成鲜明对比，胸侧一白色宽条纹延伸至肩背后渐转为黄色，体背棕褐色，尾羽短。雄鸟似雌鸟，但体型稍小，羽色暗淡多黄色斑块。飞行时，双翼宽圆，翼下覆羽白色，双脚似秧鸡般下垂。

ad. M.&F.© 王威

喜栖于芦苇水塘、稻田、沼泽等湿地生境，白天常隐伏于草丛，晨昏活跃，受惊时静止不动或迅速潜入丛中。一雌多雄制，孵育由雄鸟负责，雌鸟常在繁殖期黄昏发出悠长、低沉而持续的类似鸮类的“呜—呜—呜”的求偶声。

br.ad.F.© 惠一鸣

水雉

Hydrophasianus chirurgus　Pheasant-tailed Jacana

鸻形目·水雉科

31—58cm　夏候鸟　★★★　二级　LC

嘴铅灰色，脚黄绿，趾甚长。繁殖羽色彩明快，头颈及翼覆羽白色，后颈枕艳丽的金黄色，上缘黑色，体背深褐，腹面及尾羽黑色，尾羽甚长。雌鸟较雄鸟体型稍大，尾羽更长。非繁殖羽整体羽色暗淡，头顶黑褐，颈胸侧具长黑带，腹转白色，黑色尾羽变短。幼鸟似成鸟非繁殖羽，但头顶红棕，颈胸侧黑带较短。飞行时，飞羽白，仅翼尖黑色，脚明显伸出尾端。

br. F.&M.© 张浩勇

juv. © 张浩勇

国内见于华北、华东、华南、西南等地区，为各地较常见夏候鸟或留鸟。一雌多雄制，孵卵及育雏由雄鸟承担。常成对或小群活动于芡实、荇菜、荷、莲等富有挺水植物或浮叶植物的淡水湖泊、水塘或沼泽地，凭借超长的大脚趾从容地在漂浮植物上行走，以昆虫、软体动物、浮游生物和植物根、嫩芽等为食。较少鸣叫，叫声为“呃—呜，呃—呜”低沉喉音。

中杓鹬

Numenius phaeopus Eurasian Whimbrel

鸻形目 · 丘鹬科

40—46cm 旅鸟 ★★ LC

体型较小杓鹬大，嘴较小杓鹬长且粗壮，明显下弯，但不及大杓鹬和白腰杓鹬嘴长，整体羽色较小杓鹬深，黑褐色过眼线呈直线。幼鸟嘴长略短于成鸟，体背有明显淡色羽缘及点斑。东部沿海常见的 *variegatus* 亚种，飞行时腰部褐色，仅见狭窄白色，翼下密布细横纹，脚基本不伸出尾后。

juv.（*variegatus* 亚种）© 郁滔

variegatus 亚种迁徙时经我国东部沿海，内陆少见，越冬于亚洲南部及澳大利亚。迁徙及越冬时常集小群，活动于沿海滩涂、草地、农田，喜食蟹、甲壳类、螺贝、沙蚕、昆虫及蚯蚓等。2021 年 8 月 15 日和 2022 年 9 月上旬，长荡湖各有一笔记录。

juv.（*variegatus* 亚种）© 郁滔

小杓鹬

Numenius minutus Little Curlew

鸻形目 · 丘鹬科

28—32cm 旅鸟 ★★ 二级 LC

小型杓鹬，嘴明显短而细（中杓鹬体型较大，嘴较长），仅在嘴前端明显下弯，脚淡粉色。头顶及过眼线黑褐色，眉线乳白而粗显，体背深褐具明显淡色羽缘，颈、胸具黑褐色细纵纹，腹以下淡皮黄。飞行时，无白腰，翼下覆羽密布褐色纹路（国内记录的中杓鹬亚种具白腰）。

ad.© 惠一鸣

ad.© 惠一鸣

迁徙时多集成小群，偏好湿地附近较干燥的开阔耕地或人工草地，很少出现在沿海潮间带滩涂。在草地上寻找各种昆虫、草籽及浆果为食。常州地区适宜生境 4 月中下旬至 5 月初可留意观察。

白腰杓鹬

Numenius arquata　Eurasian Curlew

鸻形目 • 丘鹬科

50—60cm　旅鸟　★★　二级　NT

嘴甚长，下弯呈弧形，达头长 3 倍以上。嘴形和体型似大杓鹬，但与后者相比，白腰杓鹬体羽偏灰白色调（大杓鹬偏暖褐），下腹至尾下偏白色（大杓鹬淡棕色），胁部纵纹不延伸至尾下。飞行时，翼下覆羽白（大杓鹬翼下深色横纹明显），下背及腰白色明显（大杓鹬腰不白），呈倒“V”形。但上述特征与光线、距离及观察角度有关，需注意持续跟踪观察。

ad.© 惠一鸣

ad.© 尹勇

迁徙时经我国大部地区，越冬于长江以南地区，迁徙及越冬时常集大群，会与大杓鹬混群。活动于沿海滩涂、潮间带河口、草地、河流沿岸泥滩，会用长嘴探入泥水中寻觅蟹类，亦食用螺贝、昆虫及其他软体动物。

斑尾塍鹬

Limosa lapponica　Bar-tailed Godwit

鸻形目 • 丘鹬科

37—41cm　旅鸟　★★　NT

形似黑尾塍鹬，但腿明显短于前者，站姿稍矮。嘴长而微上翘。雄鸟繁殖羽头颈至体下棕红色浓重，腹无黑横斑，体背灰褐而斑驳。*menzbieri* 亚种腰及下背较白，*baueri* 亚种腰暗具横斑。雌鸟繁殖羽似雄鸟，但嘴较长，棕红羽色较淡。非繁殖羽羽色平淡无棕红色，腹下污白。飞行时，翼下覆羽褐色斑纹明显，无白色翼带，腰至尾羽具暗色横纹，脚略伸出尾端。

br.ad.F.（4 月）© 王威

br.ad.M.（*menzbieri* 亚种，4 月）© 惠一鸣

menzbieri 亚种迁徙经中国东北、东部沿海及朝鲜半岛、日本，至东南亚、澳大利亚西部越冬。*baueri* 亚种春迁经我国东部沿海，秋迁时多长距离跨海不间断飞行至澳大利亚东部及新西兰等地越冬（曾有一只佩戴卫星发射器的雌鸟从阿拉斯加到新西兰无停歇飞行一万多公里）。活动于沿海湿地、滩涂、河滨、水田，内陆淡水环境少见，常集群活动，将头及长喙没入水中探寻食物，以螺贝、虾蟹、昆虫、鱼、蛙等为食。

黑尾塍鹬

Limosa limosa　Black-tailed Godwit

鸻形目·丘鹬科

36—44cm　旅鸟　★★　NT

体型大，嘴长而直，颈长，脚长，站姿高。雄鸟繁殖羽头、颈、胸棕红，下胸、两胁及腹具粗黑色横纹，体背灰褐而斑驳，下腹至尾下白色。雌鸟羽色较雄鸟浅淡。非繁殖羽羽色偏灰，颈、胸淡灰褐。飞行时，翼下覆羽白，有明显白翼带及白腰，尾羽末端黑色，脚远伸出尾端。

non-br. ad. © 王威

non-br.&br. ad. © 郁滔

春、秋迁徙季经中国东部沿海及朝鲜半岛、日本，活动于沿海湿地、滩涂、河滨、水田，内陆淡水环境少见，常集群活动，喜较深水域觅食，频繁将头及长嘴没入水中探寻食物，喙抬起时有向前上方挑起的标志性动作（有别于半蹼鹬），以螺贝、虾蟹、昆虫、鱼、蛙等为食。

拉丁属名和种加词均为“*limosa*”，由“*limus*”（泥）+“*osus*”（全部）构成，可能意指本种觅食时将头及长嘴完全没入泥水中的行为。

大滨鹬

Calidris tenuirostris Great Knot

鸻形目 · 丘鹬科

26—28cm 旅鸟 ★★ 二级 EN

体型较红腹滨鹬稍大，嘴长而直，先端略下弯，嘴长及颈长超过红腹滨鹬，头则比红腹滨鹬小，脚短，灰绿色。繁殖羽体背灰褐，肩羽散布红褐色斑块，胸部具浓密黑色点斑，形成特征性的黑色胸带，两胁具特征性“V”形斑，腹白。非繁殖羽及幼鸟羽色较灰，肩羽无红褐色，胸、两胁具灰黑色点斑。飞行时，有狭窄白翼带，腰白，脚不伸出尾端。

br. ad. © 王威

迁徙季活动于沿海潮间带、河口及盐田湿地，内陆淡水生境少见，常集小群活动，利用嘴的触觉在泥滩间探索觅食，动作较缓慢，觅食不分昼夜，以螺贝、虾蟹、蠕虫为食。

br. ad. © 王昕

流苏鹬

Calidris pugnax Ruff

鸻形目・丘鹬科

M 26—32cm、F 20—25cm　旅鸟　★★　LC

体型较大的鹬，颈长，脚长，脚色橙红或黄绿色，嘴短直，站姿较直，但稍显驼背，头小而体大，似显比例失调。非繁殖羽雄鸟体上深褐色具浅色羽缘，头颈皮黄，体下白，两胁具少许横斑。雌鸟甚小于雄鸟。幼鸟似非繁殖羽，但整体皮黄色较浓。繁殖羽雄鸟头颈部具色彩多样的蓬松流苏状饰羽。飞行时，褐色尾羽两侧白斑明显，翼下大部较白，翼上有狭窄白色翼带。

non-br. ad.© 王昕

繁殖于欧洲至西伯利亚东部，主要越冬于非洲、南亚，部分越冬于中国福建沿海及中国台湾地区。迁徙时栖于沿海和淡水湿地，成对或小群活动，觅食动作缓慢，捕食虾蟹、螺贝、蠕虫、昆虫及小鱼，兼食草籽和谷物。常州地区属少见过境季候鸟。

non-br. ad.© 惠一鸣

阔嘴鹬

Calidris falcinellus Broad-billed Sandpiper

鸻形目 · 丘鹬科

16—18cm 旅鸟 ★★ 二级 VU

与黑腹滨鹬相比，体型略小，嘴长而直，嘴尖突然向下弯折，脚短，站姿低矮。繁殖羽头部宽阔的黑褐色顶冠纹、黑色侧冠纹和白色眉线构成特征性的西瓜皮样花纹，颈至胸具黑褐色纵纹，翼覆羽及三级飞羽黑色并具白色及褐色羽缘。非繁殖羽羽色暗淡单调，头顶西瓜皮纹模糊。飞行时，具明显白翼带，翼下较白，腰至尾中央黑、两侧白，脚不伸出尾端。

br. ad. © 王威

迁徙季常栖于海岸、河口湿地，更喜淡水生境，常单独或小群活动，也常与小型滨鹬混群觅食。取食动作缓慢，会不慌不忙地垂直向下探寻食物，动作更类似沙锥而非其他滨鹬类，以甲壳类、螺贝、昆虫等无脊椎动物为食。

阔嘴鹬的学名种加词“*falcinellus*”意为镰刀，可能是指其向下弯折的嘴尖。

br. ad. © 惠一鸣

尖尾滨鹬

Calidris acuminata　Sharp-tailed Sandpiper

鸻形目 · 丘鹬科

17—22cm　旅鸟　★★★　VU

嘴短直而略下弯，脚黄绿色。繁殖羽头顶鲜艳的红褐色，体上羽轴黑色并具红褐色羽缘，胸口暖橙色具黑色纵纹，两胁有黑色“V”形斑延伸至下腹。非繁殖羽整体灰褐色，头顶红褐色转淡，胸、胁斑纹明显减少。飞行时，白翼带窄，腰至尾羽黑色，腰两侧白，脚稍伸出尾端。

br. ad. © 惠一鸣

br. ad. © 王昕

常见于沿海滩涂、河口、沼泽、水田等生境，成鸟也见于内陆。单独或小群活动，有时与其他鸻鹬混群。

弯嘴滨鹬

Calidris ferruginea　Curlew Sandpiper

鸻形目 · 丘鹬科

18—23cm　旅鸟　★★　VU

中型滨鹬，嘴黑，长而下弯，脚黑色。繁殖羽头至胸、腹浓重栗红色，体上有红褐色、黑色轴斑及白色羽缘。非繁殖羽整体羽色平淡，无栗红色。幼鸟似非繁殖羽，体背有明显白色羽缘，嘴稍短于成鸟（需注意与黑腹滨鹬幼鸟鉴别）。飞行时，有白翼带，腰白，脚稍伸出尾端。

br. ad. © 惠一鸣

juv.（10 月）© 陈梓昱

迁徙季栖于沿海泥质湿地，也少见于内陆沼泽、河滩生境。小群活动，常与其他鸻鹬混群，在浅水间活动，觅食动作缓慢。

青脚滨鹬

Calidris temminckii Temminck's Stint

鸻形目 · 丘鹬科

13—15cm 旅鸟 ★★★ LC

嘴短黑、略下弯，脚短，黄绿色，矮胖，站姿低平。繁殖羽头、颈至胸暗灰褐，与白色腹面对比明显，背暗灰褐。非繁殖羽体上及胸为均匀暗灰褐色，喉及腹白色。幼鸟似非繁殖羽，体背有明显白色羽缘。飞行时，有白翼带，尾羽两侧白色明显，脚不伸出尾端。

ad. © 陈文雄

ad. © 王昕

偏好内陆淡水浅滩、沼泽、水田等生境，迁徙季可见与其他小型鸻鹬混群活动。因腿较短，移动时身形低矮，觅食动作缓慢。

长趾滨鹬

鸻形目・丘鹬科

13—16cm　旅鸟　★★★　LC

嘴黑而略下弯，脚黄绿色，头小，颈长，站姿较挺。繁殖羽头顶棕红色并具黑色细纵纹，白眉线明显，肩羽、翼覆羽及三级飞羽具醒目的红褐色羽缘，颈、胸略沾红褐色并具黑色纵纹，整体看甚似小型尖尾滨鹬（后者胸具黑色“V”形斑而非纵纹）。非繁殖羽羽色暗淡，体上灰褐色。飞行时，白翼带窄细，尾上覆羽两侧白，脚稍伸出尾端。

br. ad.© 惠一鸣

br. ad.© 蒋元再

迁徙时经我国华东及华中大部地区，偏好内陆淡水环境，如沼泽、水田、河滩、湖泊等湿地生境。单独或小群活动，有时混于其他小型鸻鹬中，以昆虫、软体动物及种子为食。

红颈滨鹬

Calidris ruficollis Red-necked Stint

鸻形目 · 丘鹬科

13—16cm 旅鸟 ★★★★ NT

嘴黑、较短粗，脚黑，胫较短。繁殖羽头、喉、颈至上胸不同程度红褐色（小滨鹬喉白），背及肩羽具红褐色羽缘，三级飞羽灰褐。非繁殖羽喉、颈、上胸红色转白，背淡灰褐，体下白。飞行时，白翼带明显，脚不伸出尾端。

ad. © 惠一鸣

迁徙季栖于泥质滩涂、沿海湿地、内陆沼泽等，喜集群活动，也常与其他鸻鹬混群。

本种属名来源于希腊文“*kalidris*”，该词出现在亚里士多德的著作中，指水边一种灰色的鸟类，后人用来指代滨鹬属的鸟类。种加词“*ruficollis*”由拉丁文“*rufus*”（棕红色）+“*collis*”（颈部）构成，表明本种繁殖羽的羽色特征。

ad. © 惠一鸣

小滨鹬

Calidris minuta Little Stint

鸻形目 • 丘鹬科

12—14cm 旅鸟 ★ LC

外观甚似红颈滨鹬，体型略小，嘴较红颈滨鹬尖细，脚黑，胫较长，显得站姿高挑。繁殖羽脸及胸侧少许红色，喉白，翼覆羽及三级飞羽具明显红褐色羽缘，与肩羽反差不明显。

ad.（4 月）© 王威

ad.（4 月）© 蒋继军

繁殖于北极苔原地带，迁徙经我国北方及东南沿海，越冬于非洲及南亚，内陆地区十分少见。喜集群活动于海岸、河口、沼泽及水田等。

黑腹滨鹬

Calidris alpina　Dunlin

鸻形目 • 丘鹬科

16—22cm　旅鸟 / 冬候鸟　★★★★　NT

嘴黑，先端微下弯（比大部分弯嘴滨鹬的嘴稍短、稍厚，但下弯程度较轻），脚灰黑。繁殖羽头至胸灰白，体背大部红褐色，体下具醒目黑色腹斑。非繁殖羽体背为单调淡灰褐，体下白，黑色斑块消失。幼鸟似非繁殖羽，颈胸黄褐色较浓并具深色细纵纹，可见肩羽有大而圆的灰色第一冬羽，与小而尖的幼羽对比明显，腹面可见不规则黑色块斑。飞行时，白翼带明显，翼下大部白色，腰至尾羽中央黑、两侧白，脚趾稍伸出尾端。

ad.（7月）© 尹勇

juv.（9月）© 王昕

ad.（4月）© 王威

迁徙季东部沿海的常见旅鸟和冬候鸟，活动于沿海滩涂、河口、水田及内陆淡水生境。常集群活动，与其他鸻鹬混群，利用视觉和触觉涉水觅食，动作急促，觅食不分昼夜，以甲壳类、螺贝、昆虫、蠕虫等为食。遇到危险会聚集在一起，飞行时群体动作整齐一致。

半蹼鹬

Limnodromus semipalmatus Asian Dowitcher

鸻形目 · 丘鹬科

33—36cm 旅鸟 ★★ 二级 NT

体型介于塍鹬和沙锥之间，脚黑色，嘴黑、长而直，嘴端稍膨大，繁殖羽头颈至下腹锈红色。非繁殖羽羽色明显浅淡。幼鸟似非繁殖羽，但颈胸黄褐色浓，体背淡色羽缘更宽而清晰。飞行时，翼下色浅，下背不白，腰至尾密布暗色横纹，脚远伸出尾端。

鸻形目

br.ad.（5月）© 蒋徐阳

juv.（9月）© 惠一鸣

juv.（9月）© 惠一鸣

迁徙经新疆、青海和东部沿海地区，迁徙季常集群活动于沿海滩涂、河口、沼泽、鱼塘等湿地生境。觅食时常将长嘴垂直向下插入泥水中，再垂直拔出，动作似沙锥。

长嘴半蹼鹬

Limnodromus scolopaceus Long-billed Dowitcher

鸻形目 · 丘鹬科

24—30cm 迷鸟 ★ NT

形似半蹼鹬但体型较小，嘴长而直、黑色，嘴基部黄绿色，嘴端部略下弯且较尖，不似半蹼鹬嘴端膨大，腿黄绿色，较半蹼鹬短而显站姿较矮。繁殖羽头颈至体下红褐色，雌鸟羽色较淡。非繁殖羽羽色明显暗淡。幼鸟似非繁殖羽，但颈至胸带显黄褐。飞行时，次级飞羽后缘白，下背白色，脚略伸出尾端。

non-br.ad.（9 月）惠一鸣

迁徙及越冬见于我国东南、中东部的内陆及沿海湿地，本地不定期出现的罕见迷鸟或候鸟。常单独或成对活动，与其他体型相似鹬鸟如鹤鹬、泽鹬、黑翅长脚鹬等混群，在浅水间漫步，用长嘴垂直探入泥中觅食螺、蟹及小型无脊椎动物。

non-br.ad.（9 月）王昕

扇尾沙锥

Gallinago gallinago　Common Snipe

鸻形目 · 丘鹬科

25—27cm　冬候鸟 / 旅鸟　★★★★★　LC

两翼细而尖，嘴甚长，达头长 2 倍以上，皮黄色眉线与浅色脸颊成对比。肩羽边缘浅色，比内缘宽，体上深褐，具斑驳白及黑色的细纹。尾羽 12—18 枚，以 14 枚最常见。飞行较迅速、较高、较不稳健，翼下具白色宽横纹，次级飞羽具白色宽后缘。

ad. © 张浩勇

繁殖于中国东北地区及西北的天山地区，迁徙时常见于中国大部地区。越冬于西藏南部及秦岭—淮河以南的大部分地区。栖于沼泽地带及稻田，通常隐蔽在高大的芦苇草丛中，惊飞时边作“锯齿形”飞行，边发出惊叫声。

本种学名的属名及种加词均为“*gallinago*”，来源于拉丁文“*gallina*”（雌鸟或母鸡），可能是指本种斑驳的羽色看着像母鸡。这种错综复杂的羽色与周围环境巧妙地融为一体，极具隐蔽和保护作用。

ad. © 张浩勇

Phalaropus lobatus　Red-necked Phalarope

红颈瓣蹼鹬

鸻形目 · 丘鹬科

18—19cm　旅鸟　★　LC

体型小，姿态优雅，嘴尖细、全黑，脚黑色，趾具瓣蹼。雌鸟繁殖羽色彩明快，头和体上暗灰色，肩羽具两条橙黄色粗条纹，眼后方至颈侧、上胸为鲜艳红棕色。颏、喉和眉线白色，下胸及胁部灰褐，腹灰白。雄鸟整体羽色较黯淡，头和颈部灰色及红色对比不如雌鸟强烈，体上明亮色调较少。非繁殖羽体上浅灰色，体下白色，头顶黑色，白色眉线明显，眼周及耳羽黑色。幼鸟似非繁殖羽，但体略沾黄褐色，体背羽色较斑驳。飞行时，白色翼带明显，腰和尾羽黑色，腰两侧白（强风季需注意与罕见大洋鸟类灰瓣蹼鹬相鉴别）。

non-br. ad.© 惠一鸣

繁殖于北美及亚欧大陆高纬度地区，越冬于太平洋和印度洋海域，迁徙时可见于沿海大部地区，内陆少见。甚不惧人，易接近观察。喜近海的海岸、沼泽、水田、池塘等湿地环境，常集群在浅水中浮游打转，猎取各种水生无脊椎动物为食。

non-br. ad.© 惠一鸣

矶鹬

Actitis hypoleucos Common Sandpiper

鸻形目 • 丘鹬科

19—22cm 冬候鸟 ★★★★ LC

身形紧凑，嘴短直，脚短，站姿低矮。体上暖褐色，具白眼圈，胸具暗褐色纵纹，腹面白色并在翼角向上延伸形成特征性的白色月牙斑。飞行时，翼上具明显白翼带，腰无白色，尾羽外缘白色，脚不伸出尾端。

ad.© 惠一鸣

常出没于多砾石的溪流、河塘、湖畔边缘及海滨，喜单独活动，受惊扰后会在水面上短暂低飞滑翔，沿水边快速行走觅食，尾巴不停上下摆动。飞行时常发出嘹亮、尖锐的“叽—叽—叽—叽—叽”叫声。

本种属名“*actitis*”为希腊文中河岸栖息之意，种加词“*hypoleucos*”是希腊文“*hypo*”（体下）+“*leukos*”（白色）。

ad.© 惠一鸣

白腰草鹬

Tringa ochropus Green Sandpiper

鸻形目 · 丘鹬科

21—24cm 冬候鸟 / 旅鸟 ★★★★★ LC

体型矮壮，繁殖羽体上深褐色，白眉线短，仅至眼前，腹白无斑纹，背深褐具白色点斑（相比林鹬点斑小而少），脚榄绿色。飞行时，翼下色深，翼上无白色翼带，白腰明显，尾羽见暗色粗横纹，脚略伸出尾端。

ad. © 惠一鸣

ad. © 郁滔

迁徙和越冬时栖于溪流、沼泽、池塘、淡水湿地，沿海少见。性机警，常单独于植被丰富的水边活动，在浅水中取食昆虫、蚯蚓、鱼虾等。

灰尾漂鹬

Tringa brevipes Grey-tailed Tattler

鸻形目·丘鹬科

24—27cm 旅鸟 ★ NT

嘴中等长度、黑褐色，脚黄色，形似白腰草鹬，但腿更短，站姿显前倾而平趴。繁殖羽整体羽色灰褐色，眼先黑色，白眉线醒目，过眼后。颈侧、胸、两胁密布特征性的暗色细纹，停栖时，翼尖与尾羽等长，不超出尾端。非繁殖羽整体灰色，体下白色无条纹。飞行时，无白翼带，无白腰，翼下暗灰，脚不伸出尾后。

br. ad.© 惠一鸣

br. ad.© 惠一鸣

迁徙时可见于沿海湿地、湖泊、河口，更多见于泥质滩涂，而少见于岩石性海岸，内陆甚少见。单独或小群活动，在浅水中捕食虾蟹、螺贝、沙蚕、昆虫及小鱼。

红脚鹬

Tringa totanus Common Redshank

鸻形目 · 丘鹬科

27—29cm 旅鸟 ★★ LC

上下嘴基皆红色，先端黑色，脚橙红色，体上褐灰，体下白色。繁殖羽胸、腹具浓密纵纹，非繁殖羽体下纵纹稀疏。比鹤鹬体型小，矮胖，嘴较短较厚，嘴基红色较多（对比图见 104 页）。飞行时下背及腰部白色明显，次级飞羽具明显白色外缘，尾上具黑白色细斑。

br.ad.（5 月）© 惠一鸣

繁殖于亚欧大陆的中高纬度地区，东亚地区的繁殖种群主要来自蒙古高原、青藏高原和俄罗斯远东地区。在我国长江中下游平原、印度次大陆和东南亚地区越冬，栖息环境类似鹤鹬，非繁殖期活动于沿海滩涂、河口、沼泽。性机警，常与其他鸻鹬混群觅食。相比鹤鹬，红脚鹬在内陆较少见，停留时间也较短，常州地区春季迁徙 4 月—5 月初可见。

br.ad.（5 月）© 惠一鸣

鹤鹬

Tringa erythropus　Spotted Redshank

鸻形目 • 丘鹬科

29—32cm　旅鸟 / 冬候鸟　★★★★　LC

站姿高挑，长而尖细的嘴黑色，下嘴基橙红。繁殖期雄鸟全身近黑色，白眼圈尤为醒目，体背及尾羽满布白色碎点斑，脚暗红色；雌鸟羽色较浅。非繁殖羽整体羽色明显浅淡，具白眉线，体背灰褐，具白色羽缘，体下近白，两胁具深色横纹，脚橙红色。蚀羽期羽色明显斑驳，保留繁殖羽部分羽色痕迹。飞行时下背及腰白色，脚伸出尾端甚长。鹤鹬非繁殖羽注意与红脚鹬鉴别，前者体型较大而修长，嘴较长而尖细，仅下嘴基红色，飞行时次级飞羽后缘灰色而非白色。

br. ad. M.（4 月）© 蒋元再

non-br.ad.（4 月）© 张浩勇

non-br. ad.（4 月）© 郁滔

迁徙季中国东部地区的常见旅鸟，常与其他涉禽共栖，活动于沿海滩涂、鱼塘、沼泽、稻田、湖泊等生境，常将头颈部完全伸入水中觅食。

学名中属名“*Tringa*”来源于希腊语，意为腰部白色的水鸟；种加词“*erythropus*”意为红色的足。

泽鹬

Tringa stagnatilis　Marsh Sandpiper

鸻形目 · 丘鹬科

22—26cm　旅鸟　★★★　LC

嘴黑、尖细而直，脚长，黄绿色，身形纤细，站姿高挑、优雅。繁殖羽头至颈有细密暗色纵纹，体背灰褐，密布黑色点斑。非繁殖羽羽色较白，体背浅灰。飞行时下背、腰白，尾羽白色，具暗色横纹，脚远伸出尾端。

br. ad.© 张浩勇

br. ad.© 王昕

迁徙季经我国东部沿海地区，常栖息于沿海滩涂、水田、沼泽、湖泊等生境，常混杂于其他水鸟间，于浅水中走动觅食。

林鹬

Tringa glareola　Wood Sandpiper

鸻形目 · 丘鹬科

19—23cm　旅鸟　★★★★　LC

与白腰草鹬相似，脚黄绿色且较长，站姿高显优雅。繁殖羽眉线白，过眼线黑色，腹以下白色，体背深褐（但不及白腰草鹬色深），白色斑点较白腰草鹬更大而密集。非繁殖羽整体色转淡，体背白斑减少且不明显。飞行时，翼上无白翼带，翼下较白，腰白，尾羽具暗色横纹，脚远伸出尾端（注意与白腰草鹬鉴别）。

ad. © 尹勇

ad. © 郁滔

迁徙季中国东部沿海地区的常见旅鸟，偏好内陆湿地，常单独或小群活动，于地面或浅水中觅食各种昆虫、蠕虫、小鱼及蛙类等，惊飞时发出清脆的“匹—匹—匹”叫声。

青脚鹬

Tringa nebularia Common Greenshank

鸻形目 · 丘鹬科

30—35cm 冬候鸟 ★★★★★ LC

体型较泽鹬结实，站姿较高。嘴粗壮、灰黑色，先端微上翘，脚黄绿色。繁殖羽头、颈、胸具浓密暗色纵纹，腹白，体背灰褐具大块黑斑。非繁殖羽整体色偏淡，胸、腹多白色而少斑纹，背部灰色而少杂斑。飞行时，白腰甚明显，脚伸出尾端甚长，常伴随“丢—丢—丢—”独特而嘹亮的哨音。

br. ad. © 张浩勇

non-br.ad.© 尹勇

繁殖于古北界，从英国至西伯利亚；越冬于非洲南部、印度次大陆、东南亚、澳大利亚。常见冬候鸟，迁徙时见于中国大部地区，结大群在西藏南部及长江流域以南的大部分地区越冬。常栖息于沿海滩涂、内陆沼泽、河流等生境，通常单独或两三成群，进食时嘴在水里左右甩动寻找食物。

普通燕鸻

Glareola maldivarum　Oriental Pratincole

鸻形目 · 燕鸻科

20—28cm　夏候鸟 / 旅鸟　★★★★　LC

嘴厚短、黑色，嘴基红色，脚黑褐色。雄鸟繁殖羽体背棕褐，眼先黑，喉乳黄，外缘黑色，颈胸棕褐，腹白色。非繁殖羽及雌鸟羽色较淡。幼鸟似非繁殖羽，但体背具明显白色羽缘及黑色斑纹。飞行时，翼黑褐、狭长，翼下覆羽栗红色，白腰醒目，尾短而分叉，尾端黑。

br. ad. © 王昕

繁殖于东亚、东南亚及南亚，在东南亚南部至澳大利亚越冬。国内广布于中、东部地区，喜小群活动于开阔平原的湖泊、沼泽、农田等生境，在空中捕食飞虫，飞行轮廓似燕鸥。

br. ad. © 惠一鸣

br. ad. © 惠一鸣

红嘴鸥

Chroicocephalus ridibundus Black-headed Gull

鸻形目 · 鸥科

37—43cm 冬候鸟 ★★★★ LC

虹膜暗褐，嘴、脚深红色。成鸟繁殖羽具黑色头罩，白色眼圈，体上浅灰，余部白色，停栖时翼尖黑，白斑不明显或无。非繁殖羽头转白，眼后具黑斑。飞行时，翼下初级飞羽黑、外侧白，翼上初级飞羽羽端黑，无白斑。一龄冬羽似非繁殖羽，但嘴及脚橘黄，翼上见褐色杂斑。

鸻形目

non-br. ad. © 王威

non-br. ad. © 王威

1-w. © 黄凤英

国内繁殖于东北和西北部分地区，黄河以南地区为冬候鸟，通常成群活动于沿海及各种内陆水域，捕食鱼虾、软体动物及昆虫，集群活动时常发出沙哑的“嘎嘎”叫声。

黑嘴鸥

Saundersilarus saundersi Saunders's Gull

鸻形目 · 鸥科

29—33cm 迷鸟 ★ 一级 VU

体型较红嘴鸥小，嘴型短厚、黑色，脚色暗红。成鸟繁殖羽具黑色头罩，白色眼圈较红嘴鸥宽而明显，体上浅灰，余部红色，停栖时翼尖黑，白斑较红嘴鸥明显。非繁殖羽头转白，眼后具黑斑。飞行时，翼下初级飞羽黑（面积小于红嘴鸥）、外侧白，翼上初级飞羽羽端黑白相间。

non-br. ad.（1 月南通东凌）© 尹勇

分布狭窄的少见东亚特有鸟种，繁殖于中国渤海湾和黄海北部沿岸地区，越冬于朝鲜半岛、日本、中国东南沿海及越南。高度依赖海岸，很少进入内陆地区，冬季见于潮间带滩涂及河口，飞行气质轻盈优雅似燕鸥。2023 年 11 月 20 日，长荡湖发现一笔黑嘴鸥非繁殖羽的宝贵记录。

non-br. ad. © 蒋元再

本种由英国博物学家、外交官罗伯特 · 斯文侯（R.Swinhoe）于 1871 年命名，拉丁属名和种加词是为了纪念英国著名鸟类学家、鸥科鸟类专家霍华德 · 桑德斯（Howard Saunders,1835—1907）。

br.ad.（4 月南通东凌）© 尹勇

由于栖息地退化、水质污染、石油开采以及其他人为干扰如鸟卵破坏等因素，黑嘴鸥种群数量近年呈下降趋势。

遗鸥

Ichthyaetus relictus　Relict Gull

鸻形目・鸥科

39—45cm　迷鸟　★　一级　VU　附录 I

中型鸥，嘴粗短，嘴、脚深红色，成鸟繁殖羽具黑色头罩，上、下眼睑白色显著，体上灰色，余部白色，停栖时，翼尖黑，有明显白斑。非繁殖羽头转白，头后及颈背可见暗色纵纹。飞行时，外侧初级飞羽先端黑并具明显白斑。一龄冬羽似非繁殖羽，覆羽棕褐，初级飞羽外侧黑色或有小白斑，尾羽末端具窄黑褐色带。

1-w.© 王威

1-w.© 王威

繁殖于哈萨克斯坦至蒙古和中国中北部荒漠—半荒漠的内陆咸水或半咸水湖泊，繁殖期对环境条件（如湖泊水位）的要求极为苛刻。迁徙季和冬季出现在中国渤海湾西岸的沿海潮间带滩涂和河口，冬季罕见于朝鲜半岛，日本及中国台湾地区有迷鸟记录。2021 年 3 月常州长荡湖有一笔遗鸥一龄冬羽的珍贵记录。

本种拉丁属名“*Ichthyaetus*”意为捕鱼的鹰，遗鸥俗名“钓鱼郎子”，但其实它的主要食物是水生昆虫（如摇蚊、蠓幼虫）和其他无脊椎动物；种加词“*relictus*”意为被遗忘的。1931 年，瑞典博物学家艾纳・隆伯格首次描述了在中国内蒙古额济纳旗境内发现的遗鸥标本，称之为“遗落之鸥”。但当时主流观点认为其属棕头鸥的特殊色型或是与渔鸥的杂交种，直到 1971 年在哈萨克斯坦阿拉湖发现遗鸥的繁殖种群，学界方确立其为独立物种。

渔鸥

Ichthyaetus ichthyaetus　Pallas' s Gull

鸻形目 · 鸥科

57—72cm　旅鸟　★★　LC

大型鸥，嘴长而粗壮，额弓较平，脚黄。成鸟繁殖羽具黑色头罩，上下眼睑白色，嘴黄，具黑红色次端斑，体上灰色，余部白色，停栖时，翼尖黑，有明显白斑。非繁殖羽头转白，眼后残留灰黑色。飞行时，两翼较其他大型鸥更窄。成鸟初级飞羽先端黑，具明显白斑，尾白。幼鸟 1—2 龄冬羽翼见数量不等的黑褐色斑，尾羽末端具黑带。

2-w.© 王威

2-w.© 王威

国内繁殖于西藏北部、青海和内蒙古西部，迁徙经西部和华南部分地区，冬季活动于海岸、盐湖、内陆湖泊、水库。

西伯利亚银鸥

Larus vegae　Vega Gull

鸻形目 · 鸥科

55—68cm　旅鸟　★★★★　LC

按中国观鸟年报《中国鸟类名录》8.0 版，已将以往的蒙古银鸥 *Larus mongolicus* 归为西伯利亚银鸥 *Larus vegae* 亚种。本种虹膜黄色，嘴黄色，下嘴先端有红色点斑，脚浅黄色。成鸟繁殖羽头、颈、体下至尾羽均为白色，肩、背、翼上灰色，与黑色翼端对比明显，停栖时黑色翼尖超出尾羽颇长，有明显白斑。非繁殖羽后颈有稀疏暗褐色纵纹。飞行时，第十枚和第九枚初级飞羽具较大白色翼斑。

2-w.© 王威

2-w.© 王威

通常见于河口、湖泊、沿海港湾等生境，四年才能获得成鸟羽色，野外辨识需谨慎和经验。

鸥嘴噪鸥

Gelochelidon nilotica Gull-billed Tern

鸻形目 · 鸥科

33—43cm 旅鸟 ★★ LC

中大型浅色燕鸥，嘴黑，嘴型较其他中小型燕鸥短粗而厚实。成鸟繁殖羽头顶全黑，停栖时翼尖超出尾羽颇多。冬羽头转白，眼后有一黑色块斑。飞行时，初级飞羽末端黑色，尾叉较浅。

non-br.ad.（8 月南通东凌）© 尹勇

br.ad.（5 月）© 郁滔

通常见于海岸潮间带、河口、湖泊，内陆湖泊少见，飞行缓慢，常掠过水面或泥地捕食，甚少像燕鸥般俯冲入水，主要以甲壳类、昆虫和小型鱼虾为食。

本种属名“*Gelochelidon*”由希腊语“*gelao*”（欢笑）+“*chelidon*”（燕子）组成，意指该鸟种叫声类似笑声，翅形似燕子；种加词“*nilotica*”意为尼罗河，指该鸟种的模式产地。

红嘴巨燕鸥

Hydroprogne caspia Caspian Tern

鸻形目 · 鸥科

47—54cm 旅鸟 ★★ LC

大型燕鸥，嘴红色、粗壮、先端黑，脚黑。成鸟繁殖羽头顶全黑，体上灰色，停栖时翼尖超出尾羽甚多。飞行时，翼甚长，翼下初级飞羽黑色，尾叉较浅。

br.ad.© 蒋徐阳

br.ad.© 蒋徐阳

全球广泛分布，我国东部沿海见迁徙种群，至华南地区越冬，活动于海岸、河口、湖泊。飞行缓慢，俯冲入水捕鱼。

本种属名“*Hydroprogne*”由希腊语“*Hydrop*”（水）+“*progne*”（燕子）组成，意指水边的燕子；种加词“*caspia*”意为里海，指该鸟种的模式产地。

白额燕鸥

Sternula albifrons Little Tern

鸻形目・鸥科

22—28cm 旅鸟 ★★

中国体型最小的燕鸥，嘴细长，脚黄。繁殖羽嘴橙黄、端黑，前额白，头枕及过眼线黑色，体上灰色，体下白色。非繁殖羽嘴渐转黑，额部白色范围逐渐扩大，飞行姿态优雅。初级飞羽黑色，腰及尾羽白色，尾叉较深。

br.ad.（5 月）© 蒋徐阳

br.ad.（7 月南通东凌）© 尹勇

我国东部沿海见繁殖种群，迁徙至澳大利亚越冬，活动于海岸、河口、湖泊、鱼塘等生境，内陆地区少见。常集群活动，发现猎物后，原位悬停并垂直俯冲入水捕鱼。

普通燕鸥

Sterna hirundo Common Tern

鸻形目 · 鸥科

32—39cm 旅鸟 ★★ LC

中型燕鸥，嘴细长、黑色，或基部具红色，脚黑或暗红色。成鸟繁殖羽前额至后枕黑色，体上灰色较深，体下浅灰色，停栖时翼尖基本与尾羽平齐。飞行时，翼狭长，翼下初级飞羽末端黑色，尾叉较深。

br.ad.（5 月）© 尹勇

br.ad.（9 月）© 王威

广布于北美和亚欧大陆，越冬于南半球，我国东部沿海见迁徙种群。活动于近海岛屿、海岸，也至内陆湖泊、沼泽。飞行轻盈，俯冲入水捕鱼。

须浮鸥

Chlidonias hybrida Whiskered Tern

鸻形目 • 鸥科

23—29cm 夏候鸟 ★★★★ LC

小型燕鸥。成鸟繁殖羽嘴、脚深红色，白色的颊、喉部将全黑的头枕部与深灰至黑色的胸、腹部隔开，体上灰色，尾下覆羽白色。停栖时，翼尖超出尾端。飞行时，颊、喉及翼下白色与黑色头顶及胸腹对比明显，尾羽分叉浅。非繁殖羽头枕及体下转白，嘴黑色，枕部至眼后黑斑通常不超过眼下。幼鸟似非繁殖羽，但背羽具明显褐色鳞状斑。

br.ad.（8 月）© 王琦琮

br.ad.（7 月）© 尹勇

non-br. ad.（2 月）© 张文良

国内繁殖于东北至华南北部地区，偏好内陆的沼泽生境，迁徙时经过东部大部分地区，常结群活动于河口、鱼塘、湖泊等地，过境时与白翅浮鸥混群。飞行姿态轻盈，常低空于水面掠飞啄食，或向水面俯冲捕食，主要以小鱼虾为食，也会在空中捕食昆虫。夏季常于内陆湿地的芡实、荇菜等大片浮水植物上筑浮巢孵化育雏。

白翅浮鸥

Chlidonias leucopterus White-winged Tern

鸻形目 • 鸥科

23—27cm 旅鸟 / 夏候鸟 ★★★ LC

较须浮鸥略小的小型燕鸥。繁殖期成鸟的头、胸、腹黑色，与白色尾及浅灰色翼羽成明显反差。非繁殖期头至体下转白，眼后黑斑向下延伸超过眼下，呈孤立黑色耳斑。停栖时，翼尖远超出尾端。幼鸟体背沾黑褐色。飞行时，繁殖羽头、体下及翼下覆羽全黑，与灰色飞羽和白色尾羽呈鲜明对比，尾羽分叉浅。

br. ad.（5 月） © 尹勇

non-br.ad.（9 月） © 尹勇

juv.（9 月） © 尹勇

国内繁殖于新疆西北部、黄河河套及东北地区，迁徙季经华北、东部沿海，有些个体越冬于华南。过境时常与须浮鸥混群，活动于内陆淡水湖泊、河口及沿海湿地，主要以小鱼虾为食。

山斑鸠

Streptopelia orientalis Oriental Turtle Dove

鸽形目・鸠鸽科

33—35cm 留鸟 ★★★★ LC

颈侧有数道黑白相间之横斑，体上具亮丽的扇贝斑纹，体羽羽缘棕色，虹膜橙红，体下多偏粉色，脚红色。全部尾羽皆具灰白色端斑，飞行时明显。

鸽形目

ad. © 尹勇

主要生境为林地及农田，于地面取食各种农作物及草籽。繁殖期多以四音节“咕咕—咕—咕”叫声求偶。

珠颈斑鸠

Spilopelia chinensis　Spotted Dove

鸽形目 · 鸠鸽科

27—30CM　留鸟　★★★★★　LC

体型略小于山斑鸠，成鸟全身大致粉褐色，虹膜红褐色，颈侧具宽阔黑色领圈，并镶有白色斑点。尾略显长，外侧尾羽末端白色，飞行时明显。亚成鸟羽色较暗淡，颈无斑块。

ad. © 尹勇

于地面取食种子，不甚惧人。繁殖期常连续发出三音节“咕咕—咕”的低沉求偶鸣叫声（有人误以为是布谷鸟，其实两者叫声完全不同）。雄鸟求偶时，嗉囊上方羽毛蓬起并做连续“点头鞠躬”动作，围着雌鸟紧追不舍，样子十分滑稽可爱！

ad. © 王威

火斑鸠

Streptopelia tranquebarica　Red Collared Dove

鸽形目 · 鸠鸽科

20—23cm　夏候鸟　★★★　LC

体型明显小于山斑鸠和珠颈斑鸠。雄成鸟头偏灰，后颈有黑色半领环，身体大致为棕红色，飞羽黑褐色。雌鸟色较浅，全身灰褐色。幼鸟体背有明显淡色羽缘，无黑色领环。

ad. F. © 惠一鸣

喜栖于平原开阔林地、河口沼泽区、沿海或湖泊周围林地，成群或与其他斑鸠混群出现在高树或电线上，于地面取食各种农作物和草籽。常州地区一般在每年 5 月份开始有火斑鸠的记录。

ad. M. © 王威

小鸦鹃

Centropus bengalensis Lesser Coucal

鹃形目 · 杜鹃科

31—42cm 留鸟 ★★★ 二级 LC

虹膜黑褐，嘴黑而厚实。繁殖羽背及两翼棕褐色，夹杂白色细纵纹，其余部位黑色。非繁殖羽虹膜灰褐，嘴粉褐，整体羽色转棕褐色，体羽密布淡色细纵纹，尾羽褐色具黑色横纹，尾端黑。亚成鸟似非繁殖羽成鸟，腹面淡暖褐色，下腹密布褐色波纹，两翼飞羽具明显深色横纹。

ad. © 郁滔

ad. © 王威

imm.（9 月）© 钱旻罡

本地较常见留鸟，栖息于低海拔林缘、农耕地、河床沙洲等开阔地带的低矮灌丛和湿地，习性较为隐蔽。本种非巢寄生，自行筑巢和育雏。繁殖期发出独特而易识别的一系列重复、逐渐加快的“呼—呼—呼”声，续以不连贯的咔嗒声结尾。

按照 IOC12.1 分类系统，目前小鸦鹃全球共有 6 个亚种，广泛分布于远东、东南亚及澳新界。其中分布于我国南部、东南部的为 *C.b.lignator* 亚种，由英国博物学家罗伯特 · 斯文侯（R.Swinhoe，1836—1877）于 1861 年命名。

大杜鹃

Cuculus canorus Common Cuckoo

鹃形目 · 杜鹃科

32—33cm 夏候鸟 ★★★★ LC

虹膜黄色。雄成鸟体上灰色，腹面白具黑色细横纹，尾下覆羽白，具稀疏黑横斑。雌成鸟似雄鸟，上胸沾淡红褐色，棕色型雌成鸟头颈及体上棕褐色而密布横纹。飞行时，翼下覆羽具明显横纹。

ad. © 王昕

ad. © 王威

ad. © 张浩勇

ad. © 惠一鸣

繁殖于整个亚欧大陆，国内见于除极高海拔和沙漠地带外的大部分地区。常栖息于开阔林区、大片芦苇生境，主食昆虫，巢寄生。繁殖期雄鸟常立于高处不断重复特征性两声一度“布谷—布谷”的鸣唱，嘹亮而悠远。

大杜鹃又名杜宇、子规，我国古代诗歌中不乏有关大杜鹃的描述，例如宋代蔡襄诗云：“布谷声中雨满犁，催耕不独野人知。”又如李白诗云：“杨花落尽子规啼，闻道龙标过五溪。”

近年的研究如北京“大杜鹃计划”，通过对标记 GPS 发射器的大杜鹃的持续追踪，揭示了大杜鹃从北京经印度次大陆穿越阿拉伯海，最终抵达非洲东南部越冬地的史诗般迁徙之路。

短耳鸮

Asio flammeus　Short-eared Owl

鸮形目 · 鸱鸮科

37—38cm　旅鸟 / 冬候鸟　★★　二级　LC　附录 II

虹膜亮黄色，耳羽簇较短，眼周黑色明显，面盘清晰，体背暗褐色，羽色斑驳，腹面纵纹稀疏，飞行时，翼下见明显黑色腕斑。初级飞羽尖端黑，具两条黑横带。

ad. © 惠一鸣

喜栖息于开阔的平原、旷野、农耕田、沼泽和湖岸地带，常于傍晚或夜间捕猎，也会在白天活动。飞行时姿态舒缓，常贴近地面滑翔，摇摆不定而似鹞，会盘旋或骤停，然后俯冲捕食，主要以小型啮齿类动物、小鸟、蛙类及昆虫等为食。

ad. © 尹勇

长耳鸮

Asio otus Long-eared Owl

鸮形目 · 鸱鸮科

35—40cm 旅鸟 / 冬候鸟 ★★ 二级 LC 附录 II

虹膜橙红色，耳羽簇较长而明显，眼周无黑色眼影，面盘黄褐，体背黄褐色，羽色斑驳，腹面斑驳纵纹明显。飞行时，翼下见明显黑色腕斑。初级飞羽尖端不黑，具四条较细的黑横带。

ad. © 沈晓玮

ad. © 郁滔

栖于低海拔山地森林、平原针叶林或针阔混交林，常于晨昏或夜间活动捕猎，冬季的白天常单独或集群栖于针叶或阔叶乔木树干上。飞行时缓慢而飘忽，捕食小型啮齿类动物、鸟类、大型昆虫等。

短嘴金丝燕

Aerodramus brevirostris Himalayan Swiftlet

雨燕目·雨燕科

13—14cm 旅鸟 ★★ LC

小型雨燕，虹膜暗褐，嘴短，眼大，喉不白，体上黑褐，腰部浅灰褐色，体下灰白至淡褐色，尾下覆羽具淡色鳞纹。飞行时，两翼长而钝，尾羽短而略分叉。

ad. © 尹勇

ad. © 惠一鸣

分布于喜马拉雅山脉至中国中部，向南经东南亚至爪哇岛。通常见于低至高海拔山区森林，迁徙中也见于湿地、农田生境上空，飞行中捕食各种昆虫。常州地区每年 8 月下旬至 9 月中旬在湿地上空可留意观察。

本种拉丁属名“*Aerodramus*”由希腊语“*aer*”（天空）+“*dram*”（奔跑）组成；种加词“*brevirostris*”意为短嘴的，全称指这是一种短嘴的而且非常善于飞行的雨燕。

Hirundapus caudacutus White-throated Needletail

白喉针尾雨燕

雨燕目・雨燕科

19—20cm　旅鸟　★★　LC

大型雨燕，体型壮硕，嘴短，前额见白斑，喉白而界限分明，整体黑褐色。背及腰部浅银灰色，腹面黑褐，尾下覆羽白色向两胁延伸呈“U”形，甚为醒目，尾羽短钝，近距离可见尾端突出的针状结构。白喉针尾雨燕以树洞为巢，针状尾羽可能有类似啄木鸟攀树干时的支撑作用。飞行迅捷有力犹如闪电，近距离低空掠飞时可听到撕破空气的呼啸声，两翼甚狭长似大镰刀。三级飞羽内侧有白斑，光线和角度适合时可见两翼及尾羽泛绿色金属光泽。

ad. © 惠一鸣

ad. © 郁滔

分布于喜马拉雅山脉至西伯利亚中部偏东地区，指名亚种 *H.c.caudacutus* 迁徙时经过中国沿海地区和日本南部。春、秋迁徙季在常州的山地丘陵及湿地上空可欣赏到它们令人赞叹的飞行技巧，飞行中捕食各种昆虫。

近年来白喉针尾雨燕在日本北海道繁殖地以及澳大利亚越冬地的种群数量均较历史上有大幅减少，推测可能与适合的繁殖地减少、森林的加速退化破坏有关。

白腰雨燕

Apus pacificus Pacific Swift

雨燕目 · 雨燕科

17—18cm 旅鸟 ★★★ LC

中等体型雨燕，身体修长，整体黑褐色，腹面色较浅，密布浅褐色细鳞纹，喉污白，腰白十分醒目。飞行速度不及针尾雨燕，两翼狭长，翼端尖细，尾羽打开时分叉深，收拢时呈细长状。

ad. © 惠一鸣

指名亚种 *A.p.pacificus* 国内广泛分布于东北、华北、华东及华南地区，多群体活动于开阔的各种自然生境，常与家燕、金腰燕或其他雨燕混群。飞行中捕食各种昆虫，春、秋迁徙季在常州的山地丘陵及湿地上空较容易观察到。

ad. © 尹勇

小白腰雨燕

Apus nipalensis House Swift

雨燕目 · 雨燕科

12—15cm 旅鸟 ★ LC

体型略小于白腰雨燕，整体黑褐色，喉白。飞行时，两翼狭长而翼端尖细，腹面较白腰雨燕色深，无白腰雨燕的细鳞纹，腰白明显，尾羽短且分叉浅，全张开呈扇形。

雨燕目

ad. © 王威

喜集群活动，于开阔的农田、河川、中海拔山区、海边崖壁等各种自然生境和城市上空飞行，张口捕食各种小昆虫，边飞边发出尖细的喧叫声。营巢于悬崖、洞穴、屋檐下，有时也会利用家燕、毛脚燕的旧巢。分布于东洋界及日本南部，近年种群有扩散趋势，指名亚种见于长江流域及以南地区。常州地区小白腰雨燕的观察记录非常少，长荡湖湿地仅在 2022 年 9 月 3 日有一笔宝贵记录。

ad. © 王威

三宝鸟

Eurystomus orientalis　Oriental Dollarbird

佛法僧目 · 佛法僧科

27—32cm　夏候鸟　★★★　LC

成鸟嘴鲜红、宽且粗厚，脚红色。体型壮硕，头大且黑，颈短，喉具宝蓝光泽，余部为带金属光泽的蓝黑色。幼鸟羽色暗淡，嘴黑。飞行时，翅型宽圆。初级飞羽具醒目白色或浅蓝色大斑块，形似旧式美元硬币，故得名“Dollarbird”。

ad. © 惠一鸣

juv.© 王威

广泛分布于东亚、东南亚及澳大利亚，国内分布于东北至西南大部地区。喜栖于开阔林缘和河谷附近，常停栖在高大的枯枝或电线上，单独活动，领域性强，飞捕昆虫后返回原处吞食。

三宝鸟拉丁学名的属名“*Eurystomus*”意为“宽的口部”；种加词“*orientalis*”表示东方，直译为“东方阔嘴鸟”，由瑞典博物学家林奈于 1766 年命名。

白胸翡翠

Halcyon smyrnensis White-throated Kingfisher

佛法僧目・翠鸟科

27—28cm 留鸟 ★★★ 二级 LC

嘴鲜红而粗长，脚红色，头部及胸侧、下腹栗褐色，喉、胸白色，背、腰、两翼及尾羽亮蓝色。飞行时，初级飞羽端黑，具醒目白色大斑块。

ad. © 蒋徐阳

ad. © 王昕

ad. © 惠一鸣

广泛分布于东洋界，国内分布于藏东南至长江流域及以南大部地区。喜低海拔沼泽、湖泊、水库、稻田等生境，常停栖在水域附近突出的竹竿、树枝或电线上。单独活动，发现猎物会俯冲至水面捕食，主食鱼类、蟹、蛙和昆虫等。历史上因羽色艳丽可作头饰而遭受大量捕杀。

普通翠鸟

Alcedo atthis　Common Kingfisher

佛法僧目 • 翠鸟科

15cm　留鸟　★★★★★　LC

成鸟头及翼翠绿，嘴基至耳羽橙红，颈侧具明显白斑块，背至尾羽为有光泽的亮蓝带，喉白，体下为鲜艳橙棕色。雄鸟上、下嘴全黑，雌鸟嘴上黑下红，脚红色。

ad. M. © 苏丹

喜立于水域旁突出的岩石或枝头，专注而耐心地侧头搜寻水中猎物，脖子不时上下挫动，发现小鱼浮至水面便迅捷俯冲入水捕食，再返回栖处吞食。飞行时常伴随尖锐哨音闪电般掠过水面。繁殖期雄鸟会把捕获的小鱼递到心仪的雌鸟嘴边（鱼头对着雌鸟以便取食），以此大献殷勤，生物行为学上称之为“献礼”。

ad. F. © 张浩勇

普通翠鸟通常选择水边近乎垂直水面的土壁掘洞为巢，因此友好地保持和营造这样的环境、避免水边土坡岸破坏和硬质化改造十分重要。

斑鱼狗

Ceryle rudis Pied Kingfisher

佛法僧目·翠鸟科

27—30cm 留鸟 ★★★★ LC

嘴、脚黑色。成鸟整体黑白相间，头黑，头后略具羽冠，眉线及颈侧白色，具宽阔的黑色过眼带。雄鸟具上宽下窄两条黑色胸带，雌鸟仅一条胸带，且中间断开。飞行时，翼上有明显白色大斑块。

ad. M. © 郁滔

ad. F. © 王威

ad. M. © 王威

国内见于西南至东南地区和海南，为较常见留鸟。喜单独活动于开阔溪流、湖泊，常停栖于岸边岩石、近水的枯枝或电线上，或在水面上空悬停观察，发现猎物迅即俯冲入水捕捉，以鱼、虾、蛙及水生昆虫为食。

戴胜

Upupa epops Common Hoopoe

犀鸟目 · 戴胜科

26—32cm 留鸟 ★★★★ LC

色彩鲜明，极易辨识。粉棕色丝状冠羽，张开如扇，两翼及尾具黑白相间条纹。嘴长而尖细、下弯。

ad. © 尹勇

ad. © 尹勇

擅挖掘土壤中的昆虫、蠕虫为食，飞行时低空波浪状慢速前进。常营巢于树洞、房屋缝隙或人工管道内。雌鸟繁殖期会分泌一种恶臭油脂以避天敌，巢中污秽，这是其俗称"臭姑姑"的由来。

学名"*Upupa*"和英文名"*Hoopoe*"都来自它们"呼呼呼"的叫声，假如你在户外听到一种低沉的"呼呼呼"叫声，很可能就是与戴胜的邂逅。

《山海经 · 西山经》载："又西三百五十里，曰玉山，是西王母所居也。西王母其状如人，豹尾虎齿而善啸，蓬发戴胜……"这是关于戴胜最早的描述。古时女子春游，头上佩戴美丽的首饰就叫"胜"。

红隼

Falco tinnunculus Common Kestrel

隼形目 · 隼科

31—38cm 留鸟 ★★★★ 二级 LC

雌雄略异，虹膜暗褐，嘴灰黑，蜡膜黄色，脚黄，爪黑。雄成鸟头顶及颈背亮灰色，眼下具暗色髭纹，体上赤褐具散在黑色点斑，体下皮黄具黑色纵纹，飞羽黑色，尾灰蓝无斑，尾端具宽黑色条带。雌鸟体型略大，较雄鸟少赤褐色而多粗横斑，红褐色头顶及颈背密布深色条纹，尾部红褐色并具多条窄的深色条带。

ad. M.© 惠一鸣

ad. F.© 惠一鸣

ad. F.© 郁滔

常见的旷野猛禽，喜活动于开阔平原、荒地、农田等生境，适应能力较强，也有在城市中繁殖的个体，繁殖期有连续的单音节高亢叫声。飞行迅捷灵巧，两翼狭长，常在空中振翅悬停，俯冲至地面捕食小型鸟类、鼠及昆虫等。

游隼

Falco peregrinus Peregrine Falcon

隼形目 · 隼科

38—51cm 冬候鸟 / 旅鸟 ★★★ 二级 LC 附录 I

大型壮实的隼，雌鸟体型大于雄鸟。头大、灰黑色，眼下髭纹宽黑，颊、喉白色，背蓝灰色，腹面白。雄成鸟腹面为短横纹，雌成鸟腹面横纹较长。幼鸟体背褐色，腹面淡褐，具明显褐色块斑和粗纵纹。飞行时，身躯及脚爪粗壮，翼基部较其他隼属宽而末端尖，两翼展开呈梯形，尾较宽短。不同亚种、性别和年龄的色型复杂，野外辨识较为困难。

ad.© 郁滔

ad.© 郁滔

juv.© 郁滔

典型的旷野猛禽，尤喜有制高点的旷野，常栖于山地崖壁、高压电塔、平原沼泽地带以及城市高楼顶部，飞行极为迅猛有力，常于空中高速俯冲撞击猎物致其失衡而捕食之。

本种拉丁属名“*Falco*”意为弯曲的刀片，形容隼锐利的嘴和爪；种加词“*peregrinus*”意为游荡者、流浪者，是指游隼适应能力极强，广布于全球各大洲，给人以四处游荡的感觉。

红脚隼

Falco amurensis Amur Falcon

隼形目 · 隼科

25—30cm 旅鸟 ★★★ 二级 LC 附录 II

雌雄相异，眼圈、蜡膜、脚橙红色，虹膜暗褐，嘴灰黑。雄鸟整体暗灰色，头顶深灰，腹面浅灰，尾下覆羽橙红色。雌鸟头深灰，脸颊白，眼下髭纹细窄，体上暗灰具黑色横斑，腹面米白，密布黑色横斑，尾下覆羽淡橙红。幼鸟似雌鸟，眼圈及蜡膜橙黄，背具明显淡色羽缘，腹面具黑色纵纹。飞行时翼下覆羽白色与黑色飞羽对比明显。

ad. M.© 惠一鸣

ad. F.© 惠一鸣

东亚地区特有的隼科猛禽，迁徙时经俄罗斯远东地区、蒙古中东部、中国秦岭以南的东古北界、印度次大陆，跨阿拉伯海至非洲南部越冬。喜开阔的农田、山地林缘地带，停栖于树枝、电线上，迁徙时集群，飞行迅速，空中追逐捕获大型昆虫，有时在空中边飞边吃。历史上曾在印度东北部那加兰邦遭大量捕杀食用，经国际保育机构、志愿者、当地政府及民众的积极努力与保护，此现象得到明显扼制。

ad. M.© 王昕

灰背隼

Falco columbarius　Merlin

隼形目・隼科

24—32cm　冬候鸟 / 旅鸟　★★　二级 LC 附录 II

体型略小于红隼，雌雄相异，具细白眉线，髭纹较浅弱。雄鸟体上及头顶灰蓝色，后颈褐色，头顶平坦而宽，体下浅橙黄色并具深色纵纹，尾灰色，尾端带宽黑。雌鸟体上及头顶棕褐色，腹面白色密布褐色纵纹，尾上褐色并具多条黑色横带。飞行时，翼较其他隼宽短，翼端不尖，易被误认为小型鹰属猛禽。

ad.F.© 王威

ad.M.© 郁滔

ad.M.© 张浩勇

广布于北半球，繁殖于北美及亚欧大陆高纬度地区，越冬于欧洲、亚洲及中美洲。国内繁殖于新疆北部，越冬于华北及长江以南大部地区。冬季喜单独活动于开阔的农田、旷野、湿地周边等生境，常低空快速飞行，轮廓似缩小版游隼。休息时栖于旷野的土堆或树枝上，主要以鼠类、小鸟及昆虫为食。

Lalage melaschistos　Black-winged Cuckooshrike

暗灰鹃䴗

雀形目 · 鹃䴗科

20—24cm　夏候鸟　★★★　LC

虹膜褐色，嘴和脚黑色。雄鸟体上蓝灰色，翼及尾羽黑色，尾下具明显白色端斑，腹灰白。雌鸟羽色较淡，白眼圈较明显。

ad. © 张浩勇

国内主要分布于长江流域以南，为各地不常见夏候鸟或留鸟。常栖息于低中海拔阔叶林或针阔混交林，在林间穿梭，以昆虫为食，叫声为较易识别的、缓慢而富有节奏的 3 或 4 音节笛声。

ad. © 惠一鸣

小灰山椒鸟

Pericrocotus cantonensis　Swinhoe's Minivet

雀形目 · 鹃鵙科

18—19cm　夏候鸟　★★★★★　LC

雄鸟额白过眼后，眼先、过眼线、两翼及尾羽黑褐，背灰，体下污白，胸胁、腰及尾上覆羽淡黄褐色。雌鸟羽色较暗淡，前额灰褐。需注意与灰山椒鸟鉴别，后者额白不过眼后，眼先黑色粗重，腰及尾上覆羽灰色，体下纯白，整体羽色素净而分明，而前者整体带褐色调。

ad. M. © 尹勇

ad. M. © 张浩勇

分布于东南亚及东亚南部，国内见于黄河以南大部地区，栖于各种林地，主要捕食昆虫。繁殖期鸣声尖细，为连续金属般颤音，有时边飞边叫，有助于辨识。

棕背伯劳

Lanius schach　Long-tailed Shrike

雀形目 • 伯劳科

20—25cm　留鸟　★★★★★　LC

成鸟额及眼纹黑色，仿佛义侠佐罗的黑眼罩。头顶及颈背灰色，背、腰及体侧红褐。双翼及尾羽黑色，可见一白色翼斑。幼鸟头罩亦黑，但整体羽色浅淡。

ad. © 尹勇

ad. & juv. © 尹勇

性凶猛，喙粗壮，先端具利钩，领地意识强。喜栖于视野开阔之高处，发现猎物即俯冲掠捕，主要以昆虫为食，也捕食小鸟、蛙、蜥蜴和鼠类。常独自于枝头、电线等高处鸣唱许久，时而粗哑，时而低回婉转，有时也模仿其他鸟的叫声。幼鸟乞食时常追逐亲鸟并发出连续嘶哑叫声。

因伯劳会将猎物挂在棘刺上（挂尸行为），故又称“屠夫鸟”，伯劳拉丁学名属名“*Lanius*”就是“屠夫”的意思。成语“劳燕分飞”比喻情侣分离、各奔东西，其中的“劳”即指伯劳。《西厢记》中亦有云：“他曲未通，我意已通，分明伯劳飞燕各西东。”

红尾伯劳

Lanius cristatus Brown Shrike

雀形目·伯劳科

17—20cm 夏候鸟 ★★★★ LC

最常见的普通亚种 *L.c.lucionensis* 雄鸟头顶灰，过眼带黑，体背大致灰褐，翼深褐，无白斑，腰及尾羽红褐色，体下淡棕色。雌鸟羽色较淡，胸、胁具鳞纹。幼鸟似雌鸟，胸胁之鳞纹密集。指名亚种 *L.c.cristatus* 雄鸟头上至后颈棕红色，白眉线明显。雌鸟及幼鸟似普通亚种，但头顶及背较红。

L.c.cristatus ad. © 沈晓玮

喜开阔耕地及次生林，包括庭院及人工林。单独栖于灌丛、电线及小树上，捕食飞行中的昆虫或猛扑地面上的昆虫，也捕食小型鸟类、蛙、鼠等。

L.c.lucionensis ad.M. © 张浩勇

楔尾伯劳

Lanius sphenocercus Chinese Grey Shrike

雀形目 · 伯劳科

29—31cm 冬候鸟 ★★★ LC

体型较大的灰色伯劳，具宽阔黑色过眼带及白色眉线，翼黑色，飞羽具明显的白色斑块，体下灰白色，尾羽较长呈楔形，中央尾羽最长呈黑色，两侧尾羽较短呈白色。

ad.© 郁滔

ad.© 惠一鸣

冬季常单独活动于开阔农田边缘及湿地周边的树枝上，少鸣叫。

本种属名“*Lanius*”（屠夫）意指该动物性情凶悍；种加词“*sphenocercus*”由“*sphen*”（楔子）+“*cerco*”（尾巴）组成，突出本种的尾部特征。

黑枕黄鹂

Oriolus chinensis　Black-naped Oriole

雀形目 · 黄鹂科

23—28cm　夏候鸟　★★★　LC

色彩明快艳丽，成鸟嘴粉红，全身大致亮黄色，粗黑过眼线带向后延伸，形成宽阔的黑色枕带，飞羽黑，具黄色块斑，尾羽黑色，边缘黄色。亚成鸟嘴灰粉色，黑色过眼带不明显，胸腹面近白而具黑色纵纹。

ad.© 惠一鸣

ad.© 蒋徐阳

常于高大乔木的树冠层活动，以昆虫为主食，也吃少量果实和种子。繁殖期喜欢隐藏在树冠层枝叶丛中鸣叫，叫声清澈婉转如流水般的笛音，并富于变化，也做甚粗哑的似责骂声及平稳哀婉的轻哨音。黑枕黄鹂羽色鲜艳，鸣声婉转，常被非法野捕笼养，对种群构成威胁。

本种属名“*Oriolus*”意为金黄色的；种加词“*chinensis*”表示首次在中国被描述的鸟类，1766 年由瑞典博物学家卡尔 · 林奈命名。

黑卷尾

Dicrurus macrocercus　Black Drongo

雀形目 · 卷尾科

29—30cm　夏候鸟　★★★★★　LC

成鸟全身黑色，具多变的光泽感，嘴黑，嘴基有刚毛，部分个体嘴基有小白斑，尾羽长而分叉深。幼鸟两翼及尾羽暗淡灰褐色，胸、腹面及尾下覆羽具白色鳞状纹。

ad.© 张浩勇

juv.© 尹勇

常站立于开阔林缘地带或湿地周边的电线、枝头，飞出追逐捕食空中的昆虫。繁殖期领域性强，会攻击入侵者，叫声多为连续粗哑的“喳喳”声。

寿带

Terpsiphone incei　Amur Paradise Flycatcher

雀形目・王鹟科

20—42cm　夏候鸟　★★　LC

嘴蓝色，眼大，具蓝色眼圈。雄鸟羽冠较雌鸟明显，成年雄鸟有两个色型：白色型和棕色型，头部为具金属光泽的蓝黑色。棕色型体背及尾羽棕褐色，腹面及尾下覆羽白色；白色型头部以下全为白色，繁殖期中央尾羽甚长。雌鸟似非繁殖期雄鸟，但羽色较暗淡且冠羽较小，无中央长尾羽。

br.ad.M.© 尹勇

寿带在我国广泛分布于除内蒙古、青海、西藏、新疆外的大部地区，喜山区和丘陵地带，也会在近水域的林间活动，常在树林荫蔽的中下层穿梭飞行，捕食各种昆虫。繁殖期筑巢于不甚隐蔽的枝杈上，巢呈倒圆锥形。

由于寿带繁殖期外形优美，飞行时长尾飘逸、姿态优雅，常会遭受非法捕猎和极为恶劣的近距离围拍干扰。某些人为了拍照，人为修剪破坏巢周环境或移巢，往往导致亲鸟弃巢甚至雏鸟死亡。此种行为令人深恶痛绝，亟待完善相关法律法规加以管理。

喜鹊

Pica serica Oriental Magpie

雀形目 · 鸦科

46—50cm 留鸟 ★★★★★ LC

成鸟头、颈、胸黑，肩羽及腹白，翼及尾黑具蓝色辉光，尾羽甚长，叫声为响亮粗哑的嘎嘎声。飞行时，白色肩羽及初级飞羽十分醒目。

ad. © 尹勇

ad. © 王昕

性凶悍，常驱赶进入其领地的其他鸟类包括猛禽。多从地面取食，杂食性。筑巢于乔木高处或铁塔上，会修补旧巢，经年使用，巢体庞大。

中国古代民间视喜鹊为吉祥之物，牛郎织女鹊桥相会的传说、喜鹊登枝等民俗流传已久，故常免遭捕杀。

灰喜鹊

Cyanopica cyanus　Azure-winged Magpie

雀形目 · 鸦科

36—38cm　留鸟　★★★★★　LC

顶冠、耳羽及后枕黑色，体上灰色，体下灰褐，两翼天蓝色，尾长，亦天蓝色，端白。

ad. © 尹勇

ad. © 尹勇

雀形目

灰喜鹊为东亚特有种，分布于中国长江流域以北、青藏高原以东地区，以及朝鲜半岛、日本北部、蒙古北部和俄罗斯远东地区。喜集群活动，叫声嘶哑喧闹。据统计，一只灰喜鹊一年可消灭松毛虫15000条，可以保护一亩松林免受危害。

在大陆另一端的西班牙和葡萄牙，也有另一种孤立的种群（伊比利亚灰喜鹊）。遗传学分析显示，二者分化时间约在120万年前，因此，2016年国际鸟盟和IUCN将伊比利亚灰喜鹊提升为种。二者分布区如此分离，研究认为可能是由于第四纪冰期灭绝了亚欧大陆中部的其他灰喜鹊。

灰树鹊

Dendrocitta formosae　Grey Treepie

雀形目・鸦科

36—40cm　留鸟　★★★　LC

虹膜红褐色，嘴铅黑色，头颈及体下灰色，臀棕，上背褐色，腰及下背浅灰或白，具甚长的黑色楔形尾，两翼黑色。飞行呈波浪状，初级飞羽基部白色翼斑明显。

ad. © 惠一鸣

ad. © 尹勇

国内见于秦岭—淮河线以南，包括海南，为较常见留鸟，也是在中国分布最广的树鹊属种类。一般成小群活动于海拔 2000 米以下的低山阔叶林及城市公园，以昆虫、果实为食，常发出粗哑“嘎、嘎、嘎”叫声。

达乌里寒鸦

Coloeus dauuricus　Daurian Jackdaw

雀形目·鸦科

34—36cm　旅鸟　★★　LC

小型鸦科鸟类，虹膜深褐，嘴短，黑色。成鸟后颈至胸、腹白色，其余部位均黑色。幼鸟周身均黑色，仅头枕部夹杂银灰色。需注意与白颈鸦的辨别，后者体型大，胸部白色不延至腹面。

juv.© 张浩勇

ad. &juv.© 徐灿军

东亚广布种，分布于东西伯利亚南部至蒙古、中国大部地区，部分越冬于中国东部、朝鲜半岛及日本九州岛。冬季喜集大群活动于乡村及城郊开阔的农田、旷野觅食，傍晚回到城市的稀疏林地栖息。食性杂，以昆虫、草籽、果实及垃圾为食。2021 年 10 月 23 日、2022 年 10 月 24 日，长荡湖各有一笔过境记录。

本种属名“*Coloeus*”意为乌鸦；种加词“*dauuricus*”是指达乌里地区（即贝加尔湖以东地区），可能是指该物种历史上的分布区域。

秃鼻乌鸦

Corvus frugilegus　Rook

雀形目・鸦科

44—46cm　旅鸟　★★　LC

体型较小嘴乌鸦略小，额头较高，嘴黑色，上嘴弧度不如小嘴乌鸦下弯，显得较直而细长，嘴端尖。成鸟嘴基裸露无毛呈灰白色，幼鸟嘴基不白，注意与小嘴乌鸦相区别。飞行时与小嘴乌鸦相比翼指更为明显。

ad.（12 月）© 郁滔

ad.（4 月）© 郁滔

广布于亚欧大陆，*C.f.pastinator* 亚种见于蒙古，中国中部、东部及东北地区至俄罗斯远东地区、朝鲜半岛，越冬于中国东部和东南部、朝鲜半岛及日本南部。东亚地区秃鼻乌鸦的数量近年来有明显下降趋势，原因尚不清楚。冬季喜集群活动于开阔的农田、旷野觅食，食性杂，以昆虫、谷物、果实及垃圾为食。

小嘴乌鸦

Corvus corone　Carrion Crow

雀形目 · 鸦科

45—50cm　旅鸟　★★　LC

体型较大，通体黑色而略带金属光色，额弓较平缓，嘴较粗厚，黑色，上嘴较下嘴厚，嘴基披黑色羽毛。

ad.（11 月）© 惠一鸣

ad.（11 月）© 蒋继军

分布于欧洲西部至亚洲东部，国内除西藏、广西、贵州外各地均有分布，北方十分常见。冬季喜集群活动于农田、林地、平原旷野及城市等各种生境觅食，常与其他鸦科混群，食性杂，以昆虫、果实、腐尸、垃圾等为食。

大山雀

Parus cinereus Cinereous Tit

雀形目 · 山雀科

13—14cm 留鸟 ★★★★★ LC

雄鸟头、颈部除脸颊白外余部均黑色，上背沾黄绿色，灰色翼上具一道醒目的白色翼斑，胸腹以下灰白，中央有一条明显黑宽纵带贯穿整个体下并与黑色喉、颈部相连。雌鸟黑纵带较短窄。幼鸟整体偏黄绿色，仅头顶及喉部灰黑色，体下无黑色纵带。

雀形目

ad. © 尹勇

ad. © 张浩勇

性活泼，甚喜鸣唱，清晨，在树顶和矮墙上都可以听到它“叽喳叽喳”欢快清脆的叫声。广布于城市小区、公园、步道、山林、湿地周边等各种生境。典型食虫鸟，主要取食鳞翅目为主的昆虫，冬季以树皮内的虫卵为食，对森林益处极大。

juv. © 尹勇

中华攀雀

Remiz consobrinus　Chinese Penduline Tit

雀形目 · 攀雀科

10—11cm　冬候鸟　★★★★　LC

雄鸟头顶至后颈灰色，眼罩黑，看似小型棕背伯劳，但嘴灰黑色、短小而尖细，体背及尾羽棕褐，体下淡褐色。雌鸟羽色较淡，头顶至后颈灰褐，眼罩棕褐色。

ad. F. © 王琦琮

ad. M. © 王威

国内繁殖于东北至华北北部地区，迁徙经东部地区，至长江中下游、华南南部和云南西部越冬，越冬及迁徙时喜于芦苇湿地生境集群觅食。性活泼，在苇丛间不停跳跃，以昆虫为食，也吃草籽、浆果及植物嫩芽。群体联络时常发出柔弱、细长的“chi—chi—”叫声。

小云雀

Alauda gulgula Oriental Skylark

雀形目・百灵科

15—18cm 留鸟 / 旅鸟 ★★★ LC

体型略小于云雀，成鸟体上大致黄褐色，头上具黑褐色细纵纹，并具短羽冠，眼先及眉线乳白，耳羽棕褐夹杂细条纹，嘴较云雀粗长，体下淡皮黄。初级飞羽突出较短，尾羽较短。飞行时，尾羽边缘及翼后缘皮黄色而非云雀的白色。

ad.© 张浩勇

ad.© 郁滔

常成小群活动于开阔的农田、荒地、草地等生境，地面取食草籽或昆虫。常突然起飞直冲高空做炫耀飞行，并振翅欢唱，鸣声悦耳婉转，但相比云雀稍显单调重复。

本种由英国博物学家詹姆斯・富兰克林于1831年命名，属名“*Alauda*”源自凯尔特语，意为伟大的歌曲；种加词“*gulgula*”中“*gula*”意为喉管，可能意指本种擅于鸣唱的特点。

云雀

Alauda arvensis　Eurasian Skylark

雀形目 · 百灵科

16—19cm　冬候鸟 / 旅鸟　★★　二级　LC

体型较小云雀稍大而圆胖，成鸟整体羽色与小云雀近似，嘴较小云雀细小。初级飞羽突出较长，飞行时，尾羽边缘及翼后缘白色较明显。

ad.© 尹勇

常单独或成小群活动于开阔的平原、沼泽、耕地，尤喜近水草地，地面取食草籽或昆虫。常突然起飞直冲高空做炫鸣飞行，伴振翅悬停，鸣声呈持续成串的颤音和哨音。

因其鸣声婉转，是中国著名的笼养鸟，野外盗猎对云雀种群数量造成严重威胁，2021 年《国家重点保护野生动物名录》将云雀升级为国家二级保护动物。

本种由瑞典博物学家林奈于 1758 年命名，属名“*Alauda*”源自凯尔特语，意为伟大的歌曲；种加词“*arvensis*”意为“来自田野的”，寓意云雀为田野中伟大的歌唱家。

ad.© 惠一鸣

领雀嘴鹎

Spizixos semitorques Collared Finchbill

雀形目・鹎科

21—23cm 留鸟 ★★★★★ LC

厚重的嘴象牙色，头及喉偏黑，脸颊具白色细纹，白色半颈环醒目，体背及腹面橄绿，尾绿而端黑。

ad.© 尹勇

ad.© 王威

以昆虫和浆果等为食，喜欢社交，好奇心强，曾观察到其对着镜像中的自己端详，甚至啄击、扑叫。常州的城市公园和山野、湿地周边林地常见。

本种由英国博物学家斯温侯于 1861 年在福建省福州北岭采集模式标本并命名，其拉丁学名种加词 “*semitorques*” 由 “*semi*”（一半的）+ “*torques*”（领子或项链）组成，特指本种颈部有明显白色半颈环。

白头鹎

Pycnonotus sinensis　Light-vented Bulbul

雀形目・鹎科

19cm　留鸟　★★★★★　LC

又称白头翁，中等体型的橄榄色鹎。成鸟额至头顶黑色，眼后至后枕白色，耳羽有一白斑，翼及尾羽榄黄绿色，胸褐灰，腹以下污白。幼鸟羽色较暗淡，头部无白色。

ad.© 尹勇

juv. © 张浩勇

性活泼，喜结群于树上活动，有时从栖处飞行捕食，杂食性。叫声喧哗多变，繁殖期会发出类似“巧克力、巧克力”婉转鸣声。

崖沙燕

Riparia riparia　Sand Martin

雀形目・燕科

12—13cm　旅鸟　★★　LC

体型紧凑纤瘦，嘴短小，脚短而细弱。体上灰褐色，喉、颈及腹、尾下覆羽均白色。胸具较宽的特征性暗褐色胸带，中央向上腹部延伸出一短细纵纹，尾羽棕褐，分叉浅。幼鸟体背淡色羽缘明显，喉淡黄褐色。飞行时，两翼基部宽阔，翼下色深，尾叉浅。

juv.（6 月）© 郁滔

ad. © 郁滔

活动于沼泽、河流、湖泊湿地等周边生境，常低空快速飞掠捕食水上飞虫，也会与其他燕类混群。与家燕相比，飞行时振翅较多，节奏较慢。崖沙燕 *R.r.taczanowskii* 亚种国内繁殖于东北，迁徙经华北、华东至东南亚越冬；*R.r.ijimae* 亚种繁殖于库页岛、千岛群岛、日本北部，迁徙经朝鲜半岛和中国台湾地区，至东南亚越冬。

本种的属名和种加词均为“*riparia*”，意为河岸，指崖沙燕喜在砂质河岸和岩壁营洞巢的特点。

家燕

Hirundo rustica Barn Swallow

雀形目・燕科

17—19cm 夏候鸟 ★★★★★ LC

前额及颏、喉部栗红色，体上余部深蓝色，具金属光泽，上胸具一道黑色胸带，与喉部红色相接，腹及翼下白。尾羽蓝黑，分叉深，外侧尾羽甚长，呈针状突出。飞行技巧高超，常贴着草地或水面快速掠飞，敏捷的快速转向显得十分潇洒自如。

ad. © 黄立群

活动于农田、荒野、村庄等各种开阔生境，常集群低空快速飞掠捕食小型昆虫，以泥团制成开放式碗状巢，侧面黏附于屋檐下。

家燕育雏 © 谷建平

Cecropis daurica Red-rumped Swallow

金腰燕

雀形目 · 燕科

16—20cm 夏候鸟 ★★★★★ LC

头顶至背及翼上覆羽呈深蓝色并具金属光泽，与橙红色的腰明显成对比，颊及耳羽橙色，飞羽深褐色，体下白而多具黑色细纹，尾长而叉深。飞行时“金腰”明显。与家燕相比，身形更粗壮，翅更短圆，外侧尾羽的延长部分更为粗短。飞行转向较慢，动作不如家燕潇洒，比家燕更多滑翔。

ad. © 蒋继军

金腰燕与巢 © 尹勇

ad. © 王威

习性似家燕，在屋檐、桥梁或崖壁衔泥筑巢，但燕巢形态与家燕上方开口的碗状巢相比更显精巧，为侧面开口的瓶状巢。也会在人流密集的闹市建筑物（如菜场门厅）高处的檐壁筑巢，但人类活动改造、封闭了它们的进出通道，导致金腰燕无法筑巢而离去，令人十分遗憾。

远东树莺

Horornis canturians　Manchurian Bush Warbler

雀形目 · 树莺科

15—18cm　夏候鸟　★★★　LC

体型明显大于强脚树莺，上嘴深褐，下嘴基部淡黄。具清晰的白色宽眉线及黑色过眼线，头顶棕红色明显，体上、两翼及尾羽棕褐色，尾较长，体下污白。雌鸟体型较小。

ad. © 惠一鸣

分布于亚洲东部，国内广布于东部、中部及南部地区，为常见候鸟，性隐秘，喜单独活动于低海拔山区阔叶林及灌丛。鸣唱为短促的类似“噜—噜—噜—噜”颤音，紧接着响亮圆润的哨音。

ad. © 张文良

强脚树莺

Horornis fortipes Brownish-flanked Bush Warbler

雀形目 • 树莺科

11—13cm 留鸟 ★★★★ LC

上嘴暗褐，下嘴基部黄，嘴端深色。体上棕褐色，具形长的皮黄色眉线，颏、喉至上胸污白，体下偏白，胸侧、两胁及尾下覆羽褐色明显，脚粉色，较强壮。

ad. © 惠一鸣

ad. © 张浩勇

国内广布于秦岭及其以南地区，喜栖于低海拔的林地、灌丛，常隐匿于密丛中，不轻易露面，野外常只闻其声，难觅踪迹。繁殖季鸣唱清脆响亮，甚有特点，类似“你——快回去”“我——不去”旋律，前段尾音高扬，后段尾音婉转，冬季叫声则为单调连续的双音节“啧—啧”声。需注意与褐柳莺相区别，后者叫声低沉、类似单音节的“啧—啧”声，喜近水灌丛的湿地生境。

东方大苇莺

Acrocephalus orientalis Oriental Reed Warbler

雀形目 · 苇莺科

17—20cm 夏候鸟 ★★★★★ LC

大型苇莺，嘴粗长，上嘴灰褐，下嘴粉褐，脚灰色。成鸟体上榄褐色，具明显乳白色眉线，过眼线暗褐色，喉及腹面米白色，胸侧及两胁沾皮黄，翅缘和尾缘深褐色，尾长而端圆。

ad. © 郁滔

ad. © 蒋继军

东方大苇莺是中国东部芦苇湿地生境中甚常见的夏候鸟，常单独活动于湖泊、沼泽湿地周边的芦苇丛和高草丛间。繁殖期雄鸟常站在巢附近的芦苇顶端或灌丛、枝头鸣唱，为一连串重复响亮的沙哑“嘎嘎”声，停栖鸣唱时羽冠常略耸起，颈侧羽毛翻起，露出黑色。巢位隐蔽于芦苇丛间，是大杜鹃的常见巢寄生对象，夏季可留意观察两者斗智斗勇的画面。

本种属名“*Acrocephalus*”由希腊文“*akros*”（突出的）+“*cephala*”（头部）组成，意指苇莺歌唱时耸起的头部；种加词“*orientalis*”是“东方的”意思，指该鸟种分布于亚洲东部。

黑眉苇莺

Acrocephalus bistrigiceps　Black-browed Reed Warbler

雀形目 · 苇莺科

12—14cm　夏候鸟　★★★　LC

小型苇莺，嘴短细、黑褐色，下嘴黄褐，脚暗褐色。成鸟体上橄褐色，米白色眉线及其上方的黑色侧冠纹形成鲜明对比，两道眉线均在眼后更显宽阔，过眼线黑褐色，体下乳白，两胁沾淡褐色，尾羽暗褐。

ad. © 尹勇
ad. © 惠一鸣

繁殖期常单独活动于沼泽、溪流、水塘等湿地周边的芦苇丛和灌丛、树林间，性隐蔽，不易观察。雨后清晨常暴露于芦苇顶端或灌丛上鸣唱，为一系列短促而连续多变、混有颤音的“嗒嗒嗒—唧唧唧—嗒嗒嗒—滋滋滋—喳喳喳”声，秋季鸣叫为短促而略沙哑的“chur—chur”声。

本种属名含义详见东方大苇莺，种加词“*bistrigiceps*”中“*bi*”表示二，“*striga*”指褶皱，“*ceps*”指头部，形容本种头部黑白双眉线的特点。

Aegithalos concinnus Black-throated Bushtit

红头长尾山雀

雀形目 · 长尾山雀科

10—11cm 留鸟 ★★★★★ LC

体型紧凑娇小，色彩艳丽，头顶棕红，背及尾羽深灰，尾长，黑色宽大的眼罩及淡黄色虹膜和黑色瞳孔，使眼神看上去“犀利凶悍”。喉、胸白色，喉部黑色块斑及宽大的深棕色胸带对比强烈。幼鸟头顶及胸带棕色甚浅，喉无黑斑，上胸具一列黑色纵纹。

ad. © 尹勇

ad & juv. © 尹勇

性活泼，喜结群活动，常与其他种类混群。常在树林枝叶间觅食，伴随细碎、短促的“滋—滋—滋”叫声。

Aegithalos glaucogularis Silver-throated Bushtit

银喉长尾山雀

雀形目 · 长尾山雀科

13—16cm 留鸟 ★★★★★ LC

嘴黑而短粗，尾甚长，黑色而带白边。头顶黑色，中央白色，喉部发灰，背灰，翼上黑褐，体下沾粉色。幼鸟体下色浅，胸棕色。

ad. © 尹勇

juv. © 惠一鸣

多集群活动于林地，亦可见于湿地芦苇生境，性活泼好动，伴随发出尖细生涩的“psi—psi”声。

褐柳莺

Phylloscopus fuscatus Dusky Warbler

雀形目 · 柳莺科

11—12cm 冬候鸟 ★★★ LC

整体不显眼的褐色系柳莺，嘴尖细，上嘴黑色，下嘴基肉色，脚细，黄褐色。体上为均匀暗褐色，无冠纹及翼斑，眉线清晰，前段白，后段沾皮黄，过眼线黑褐色，两翼短圆，初级飞羽突出甚短，胸、胁灰白，两胁及尾下沾暖褐色。

ad.© 郁滔

指名亚种 *P.f.fuscatus* 繁殖于俄罗斯远东地区、中国东北及朝鲜半岛，越冬于中国东南沿海至南亚和东南亚地区。迁徙和越冬季喜活动于近水边的浓密低矮灌丛、芦苇间，常不断弹尾和短距离穿梭，并伴随发出一连串快速单音节的“chack、chack、chack”似敲击石头的叫声（注意生境和叫声与冬季强脚树莺的区别）。

ad.© 惠一鸣

本种属名“*Phylloscopus*”由“*Phyllon*”（叶子）+“*skopeo*”（寻找）组成，与柳莺类活跃于林叶间觅食的特点相一致；种加词“*fuscatus*”意为暗淡的，符合本种羽色朴素平淡的特点。

黄腰柳莺

Phylloscopus proregulus　Pallas's Leaf Warbler

雀形目 · 柳莺科

9—10cm　冬候鸟 / 旅鸟　★★★★★　LC

嘴细小，黑褐色，脚黄褐色。体上鲜亮的黄绿色与体下灰白色对比明显，黄白色顶冠纹完整且后段更为粗显，长而宽阔的眉线前段鲜艳柠檬黄色，后段转黄白色，过眼线黑褐，腰黄色，具两道黄白色粗翼斑。大覆羽近黑色，三级飞羽具明显白色羽缘，翅型较黄眉柳莺更短。

ad.© 蒋继军

ad.© 王威

繁殖于俄罗斯西伯利亚中南部、蒙古北部、中国东北及朝鲜半岛，迁徙经朝鲜半岛、中国东部，越冬于长江以南地区至东南亚。常州地区最常见的过境和越冬柳莺。体态娇小可爱，十分活泼好动，常穿梭于树层间啄食昆虫和植物嫩芽，取食时可在树枝外侧悬停，观察猎物，此时黄色腰部显露易见。春季鸣唱响亮，多变悦耳。

本种属名“*Phylloscopus*”由希腊语“*Phyllon*”（叶子）和“*skopeo*”（观察、寻找）构成；种加词“*proregulus*”为“*pro*”（相似）+“*regulus*”（戴菊）之意，表明本种形态及行为与戴菊相似。

Phylloscopus inornatus Yellow-browed Warbler

黄眉柳莺

雀形目 · 柳莺科

10—11cm 旅鸟 / 冬候鸟 ★★★★ LC

比黄腰柳莺体型稍大，嘴细尖、黑褐色，下嘴基橙黄。黄白色眉线清晰，顶冠纹不明显，具两道明显的近白色翼斑，大覆羽黑色，三级飞羽羽缘白色，体上橄绿，体下淡白。

繁殖于俄罗斯中东部、中国东北部、朝鲜半岛，越冬于中国东南沿海及南亚、东南亚地区。性甚活泼，常在枝间不停地跳跃捕虫，但不会像黄腰柳莺那样喜悬停，不时地发出一声声比黄腰柳莺更为细尖而清脆的叫声。常州地区属迁徙过境的常见柳莺，也有少数越冬个体，郊野林地、城市公园甚至小区的树林、灌丛均易发现，鸣声有助于寻找和辨识。

冕柳莺

Phylloscopus coronatus　Eastern Crowned Warbler

雀形目・柳莺科

11—12cm　旅鸟　★★★　LC

嘴较粗长，上嘴黑褐，下嘴全黄。成鸟体上黄绿色，头上色深，具灰白色顶冠纹，但仅在头后方明显。眉线黄白色，长而粗显，过眼线灰黑色，黄白色翼斑窄细，一般仅一道（偶有两道）。大覆羽黄绿色，体下灰白，尾下覆羽黄色。

ad.© 张浩勇

ad.© 张浩勇

主要分布于亚洲东部，国内除西部和海南外广泛分布，多活动于中低海拔各类林地。性活泼好动，喜好在树冠层枝叶间活动，主要以小型昆虫为食。繁殖季鸣唱多由简单有力的 3—4 音节组成（听起来前 2—3 音节类似山雀，尾音为略显嘶哑的长音），有助于鉴别。

极北柳莺

Phylloscopus borealis　Arctic Warbler

雀形目・柳莺科

11—13cm　旅鸟　★★★　LC

体形紧凑修长，嘴较粗长、呈暗褐色，下嘴基肉褐，无顶冠纹。成鸟体上榄绿色，白色长眉线通常未达嘴基，过眼线黑褐，通常具两道细窄白色翼斑。第一道翼斑有时不明显，羽毛磨损严重的个体甚至看不到翼斑。大覆羽绿色，体下污白，初级飞羽突出较长。

ad.© 张浩勇

繁殖于欧洲北部、亚洲北部及阿拉斯加，冬季南迁至中国南方、东南亚的菲律宾及印度尼西亚。喜开阔有林地区、次生林及林缘地带。单独活动或与其他小型雀鸟混群，在大树上层枝叶间寻食，飞行有力，移动迅速。鸣声为多至 15 个音节的颤音，初始时甚慢，越来越快且越响亮。

小蝗莺

Helopsaltes certhiola　Pallas's Grasshopper Warbler

雀形目 · 蝗莺科

13—14cm　旅鸟　★★　LC

成鸟通体褐色，头顶色深，具灰褐色细纵纹，体上褐色并具明显深色粗纵纹，皮黄色眉线清晰宽长，腰部明显呈红棕色，胸胁沾淡褐色，无明显纵纹，体下灰白，尾羽锈褐色，尾端圆，具白色端斑。与矛斑蝗莺的区别在于后者胸、胁具黑色纵纹，眉线不明显，腰部少红棕色，尾端不白。

ad. © 惠一鸣

ad. © 惠一鸣

繁殖于亚洲北部，迁徙经我国中、东部地区，越冬于东南亚及南亚。栖于芦苇丛、沼泽、稻田、近水的草丛、灌丛等生境，性甚隐秘，常单独隐匿穿行于浓密的芦苇灌丛中活动觅食，繁殖期鸣唱类似苇莺快速连续重复的一连串颤音和咔嗒音。

棕扇尾莺

Cisticola juncidis　Zitting Cisticola

雀形目 · 扇尾莺科

10—14cm　留鸟　★★★★　LC

整体棕褐。嘴、脚粉褐，白色眉线明显，头顶及体背具黑褐纵纹，体下近白，肋沾黄褐色，尾羽黑褐，尾端白。

ad. © 王昕

喜单独活动于低海拔草地、农耕田、湿地苇丛等生境。繁殖期雄鸟会在半空中边飞边发出嘹亮的“嘀嘀、嘀嘀、嘀嘀”及“嘁喳、嘁喳”的鸣唱声，而后急速俯冲隐没于草丛中，飞行中尾常呈扇形展开，主食昆虫及草籽等。

ad. © 郁滔

纯色山鹪莺

Prinia inornata　Plain Prinia

雀形目・扇尾莺科

11—15cm　留鸟　★★★★★　LC

羽色较暗、无斑纹的鹪莺。嘴黑色（雌鸟下嘴基粉色），眉线淡皮黄色，脸颊色浅，耳羽黄褐色，体上暗灰褐，体下淡皮黄色，尾羽甚长，脚粉色。

ad. M. © 张浩勇

ad. F. © 惠一鸣

分布于南亚及东南亚，国内常见于长江流域及以南地区。单只或成小群活动于开阔高草丛、芦苇丛、灌丛、农田等生境，停栖时常翘起长尾并上下摆动。小群活动时常发出轻柔而嘈杂的联络音。

黑脸噪鹛

Pterorhinus perspicillatus　Masked Laughingthrush

雀形目 · 噪鹛科

27—32cm　留鸟　★★★★★　LC

头颈及胸部偏灰，具黑色眼罩，体上及尾暗褐，腹部灰白，尾下覆羽棕黄色。

结小群活动于浓密灌丛、竹丛、芦苇地、田地及城镇公园。取食多在地面。性喧闹。叫声嘈杂刺耳，喋喋不休。

画眉

Garrulax canorus Hwamei

雀形目・噪鹛科

21—24cm 留鸟 ★★★★ 二级 LC 附录 II

虹膜橙黄，嘴、脚黄褐，全身大致棕褐，宽阔的白眼圈延伸至眼后。

ad. © 苏丹

ad. © 王威

国内广泛分布于南方大部地区，喜单独活动于低、中海拔开阔林地、次生林、灌丛及公园。性惧生而隐匿，常在灌丛中穿飞或林下草丛觅食。杂食性，以嫩芽、浆果或昆虫为食。常站立于枝梢引颈高歌。

本种属名“*Garrulax*”（饶舌的）；种加词“*canorus*”（旋律）意指画眉洪亮、婉转动听且多变的鸣唱。正因如此而成为我国南方地区被广泛非法猎捕笼养的鸟类，并列入 CITES 附录 II。鉴于大量捕捉对画眉野外种群造成的严重影响，2021 年 2 月新修订的《国家重点保护野生动物名录》中，将画眉由“三有”保护提升为国家二级重点保护级别。

棕头鸦雀

Suthora webbiana　Vinous-throated Parrotbill

雀形目 · 鸦雀科

11—13cm　留鸟　★★★★★　LC

体型纤小的粉褐色鸦雀。嘴短厚，头圆，尾长，头顶及两翼栗褐，背及尾羽灰褐，外形十分可爱。

ad. © 王威

ad. © 尹勇

喜在枝叶浓密的低矮灌丛活动，常结群移动，并发出“吱吱喳喳”的嘈杂声及清脆的哨音，是一种社会性极强的鸟类。

因雄鸟繁殖期好斗，民间常有非法野捕用以斗鸟取乐的陋习。

暗绿绣眼鸟

Zosterops simplex Swinhoe's White-eye

雀形目 · 绣眼鸟科

10—12cm　留鸟　★★★★★　LC

体上鲜亮绿橄榄色，具明显的白色眼圈和黄绿色的喉及臀部，胸及两胁灰，腹灰白。

雀形目

ad. © 惠一鸣

ad. © 尹勇

性活泼而喧闹，喜落叶或常绿阔叶林，于树林上、中层集体活动，以种子、果实及小型昆虫等为食，尤喜吸食花蜜。叫声为尖细的“叽—依、叽—依”，尾音拖长。由于娇小可爱，在南方地区常被大量非法野捕用作笼养，这对野外种群危害甚大。

指名亚种 *Z.s.simplex* 由英国外交官、博物学家斯温侯于 1861 年命名。

红胁绣眼鸟

Zosterops erythropleurus Chestnut-flanked White-eye

雀形目 · 绣眼鸟科

10—12cm 旅鸟 ★ 二级 LC

与暗绿绣眼鸟相似，区别在于两胁有醒目的栗红色。雄鸟栗红色浓郁，雌鸟相对浅淡。

ad. M. © 张浩勇

ad. F. © 尹勇

国内繁殖于东北、华北，越冬至南方较南地区。集群于树冠层访花或捕食昆虫，也以浆果为食，常与其他绣眼鸟混群。常州地区为罕见的过境季候鸟。

八哥

Acridotheres cristatellus　Crested Myna

雀形目 · 椋鸟科

25—28cm　留鸟　★★★★★　LC

全身黑色，眼小呈橘黄色，额部有一簇冠羽，嘴蜡白色，脚橙黄色。翼有白斑，飞行时明显可见，尾下覆羽具黑白相间横纹，尾羽末端白色。

雀形目

ad. © 尹勇

ad. © 尹勇

清晨聚集高处，喧噪一番后便分散活动，主食昆虫，也会以浆果、谷物、肉类、甚至垃圾为食。擅模仿环境声音，常被非法野捕或掏窝作笼养鸟。

八哥拉丁学名中属名“*Acridotheres*”由希腊语“*akridis*”（蝗虫）+“*therao*”（猎取）组成；种加词“*cristatellus*”意为“有冠的”，反映了本种的食性和体态特征。

丝光椋鸟

Spodiopsar sericeus Red-billed Starling

雀形目 · 椋鸟科

22—24cm 留鸟 ★★★★★ LC

本地甚常见椋鸟，嘴暗红，脚橘黄。雄鸟米黄色头颈部与暗灰色胸带对比明显，背灰，两翼及尾黑，翼具白斑，腹以下淡灰。雌鸟羽色偏褐。飞行时，两翼白斑明显。

ad. F. © 郁滔

ad. M. © 郁滔

喜结群活动，也会与其他椋鸟混群，食性同灰椋鸟。成群时发出嘈杂的嘶叫声。

灰椋鸟

Spodiopsar cineraceus　White-cheeked Starling

雀形目・椋鸟科

22—24cm　冬候鸟 / 留鸟　★★★★★　LC

整体深灰褐色，嘴及脚橙黄色，颊白，夹杂暗色细纹。飞行时有明显白腰，外侧尾羽末端白色，翼无白斑。

ad. © 惠一鸣

ad. © 郁滔

集群活动，喜于开阔农田、草地觅食，主食昆虫，也吃果实、种子。叫声为连续、急促而单调的嘶叫声。

黑领椋鸟

Gracupica nigricollis Black-collared Starling

雀形目 · 椋鸟科

27—29cm 留鸟 ★★★ LC

头白，眼周裸皮黄色，颈胸黑，腹以下白，体背黑褐，两翼黑色，翼缘白色，尾黑而端白。飞行时，翼上白色斑驳，腰及尾羽末端白色。

ad. © 惠一鸣

ad. © 王昕

栖息于平原、草地、农田、灌丛、荒地等各种开阔地带，常成对或小群活动，于地面取食，食性杂，鸣声粗哑、嘈杂。

紫翅椋鸟

Sturnus vulgaris Common Starling

雀形目 · 椋鸟科

19—22cm 旅鸟 ★★ LC

通体闪辉黑、紫、绿色的椋鸟，成鸟繁殖羽整体黑色，具紫、绿色金属光泽，嘴黄色。非繁殖羽通体密布白色点斑，嘴灰黑色。

non-br.ad. © 郁滔

non-br.ad. © 郁滔

栖息于开阔的林缘地带、农耕地、城镇及荒地等各种生境，对人居环境十分适应，常集群活动，于地面取食。

乌鸫

Turdus mandarinus　Chinese Blackbird

雀形目・鸫科

24—29cm　留鸟　★★★★★

雌雄相似。雄鸟全黑色，嘴橘黄，眼圈黄，脚黑。雌鸟全身较浅黑褐色，嘴暗绿黄色。幼鸟整体黑褐，羽色斑驳，嘴近黑，黄眼圈不明显。

ad. M. © 尹勇

juv. © 张浩勇

于地面取食，静静地在落叶、草丛中翻找昆虫、蚯蚓等，也吃果实及浆果。鸣声悦耳多变，还善于模仿其他鸟的鸣叫。清晨，最嘹亮、甜美的鸟鸣很可能就是乌鸫发出的。

由于全身黑色，常被市民误以为是乌鸦（雀形目鸦科），其实两者从体长、嘴型、嘴色、鸣叫、习性等方面都相去甚远。

灰背鸫

Turdus hortulorum　Grey-backed Thrush

雀形目・鸫科

20—23cm　冬候鸟　★★★★★　LC

雄鸟嘴黄，头胸鼠灰色，体背青灰，腹侧有大片橙黄色。雌鸟嘴黄略带黑褐色，体上灰褐色，喉至胸白，具黑色纵纹和点斑。

ad. F. © 王威

ad. M. © 惠一鸣

甚常见，国内繁殖于东北大部包括黑龙江北部。迁徙经中国东部的大多数地区，越冬于长江以南。灰背鸫是秋季迁徙季比较早到达常州的冬候鸟，性羞怯，常于林地腐叶间活动，翻找枯叶下的昆虫。

斑鸫

Turdus eunomus　Dusky Thrush

雀形目·鸫科

23—25cm　冬候鸟　★★★★★　LC

嘴黄、先端黑。雄鸟眉线白而宽，头顶至体背、耳羽、尾羽大致黑褐色，翼上覆羽及内侧飞羽锈红色十分醒目，体下灰白，具黑色胸带，两胁密布黑色鳞斑。雌鸟羽色较淡，翼上锈红色不及雄鸟明显。

ad. F. © 王昕

ad. M. © 张浩勇

成小群活动，冬春季常见于林缘、农田及湖岸草丛中，以昆虫、种子及浆果等为食，常边飞边发出尖细略沙哑的“喳—喳—喳”声。

红尾斑鸫

Turdus naumanni　Naumann’s Thrush

雀形目・鸫科

23—25cm　冬候鸟　★★★

成年雄鸟体上大致灰红褐色，眉线及颈侧、喉、上胸棕红色，耳羽灰褐，眼先黑色，腰及尾羽红褐色，体下密布红褐色鳞斑。雌鸟羽色较淡，眉线及喉白，具黑褐色颚线，体下红褐色鳞斑较淡而稀疏。雄鸟一龄冬羽似雌鸟，但体上红褐色较明显，腹面红褐色鳞斑更显密集。红尾斑鸫与斑鸫存在杂交现象，羽色兼具两者特征。

1-w. © 郁滔

1-w. © 王威

红尾鸫曾为斑鸫的指名亚种，后提升为独立种。繁殖于西伯利亚中、南部，在东亚地区越冬，冬季常与斑鸫混群活动。

红尾鸫的属名“*Turdus*”是拉丁文“鸫”的意思；种加词“*naumanni*”是为纪念德国博物学家 Johann Friedrich Naumann（1780—1857）。

鹊鸲

Copsychus saularis Oriental Magpie Robin

雀形目 • 鹟科

19—21cm 留鸟 ★★★★★ LC

雌雄略异。雄鸟头、胸及背闪辉蓝黑色，翼黑，有醒目长白斑，腹以下白。雌鸟似雄鸟，但暗灰取代黑色。

ad. M. © 尹勇

ad. F. © 尹勇

性活泼好动，喜栖于显著处鸣唱或炫耀。取食多在地面，不停地把尾低放展开又骤然合拢上举。鸣声婉转嘹亮，常混合模仿其他鸟叫声，或发出粗哑的“嘶—嘶”声。常被非法野捕笼养。

本种属名“*Copsychus*”（希腊语，意为鸫），曾经被归入鸫科鸟类；种加词“*saularis*”（翘尾巴），意指鹊鸲作为鹟科鸟类的行为特征。

蓝喉歌鸲

Luscinia svecica　Bluethroat

雀形目 • 鹟科

13—15cm　旅鸟 / 冬候鸟　★★　二级　LC

雀形目

雄鸟繁殖羽白色眉线醒目，眼先黑，喉蓝（非繁殖羽转白）、中央栗红色块斑，胸部蓝、黑、白、棕相间横带独特而惊艳。雌鸟整体素净，颚线黑色，喉全白，胸带黑色。站姿高，两翼下垂，尾常上翘。飞行时，尾基棕红与尾端宽黑带对比醒目。

non-br.ad.M.（1 月）© 惠一鸣

ad.F.（3 月）© 尹勇

br.ad.M.（4 月）© 惠一鸣

non-br.ad.M.（1 月）© 蒋徐阳

繁殖区广布于亚欧大陆及北美阿拉斯加北部，越冬于东洋界及北非，迁徙季见于中国东部及南部地区。行动十分隐秘，常出没于近水边茂密的芦苇、灌丛，悄然在地面翻动落叶层寻找昆虫。

蓝喉歌鸲因羽色靓丽，鸣唱悦耳，民间俗称“蓝点颏”，是我国北方地区的常见笼养鸟。野外非法猎捕致使种群数量下降，2021 年 2 月发布的《国家重点保护野生动物名录》新增本种为国家二级重点保护动物。

本种属名“*Luscinia*”（意为夜莺，即歌鸲）；种加词“*svecica*”是拉丁文的瑞典国名。本种模式产地在瑞典，由瑞典博物学家卡尔 · 冯 · 林奈于 1758 年命名。

红喉歌鸲

Calliope calliope　Siberian Rubythroat

雀形目 · 鹟科

14—16cm　旅鸟　★★　二级　LC

雄鸟繁殖羽眉线、颊纹白而醒目，眼先黑色，喉呈惊艳的、具金属光泽的红宝石色，外缘有黑边。雌鸟整体羽色平淡，喉白（有些成熟个体喉部具淡红色），外缘无黑边。站姿高，两翼下垂，尾常上翘。飞行时，体上纯褐色，尾短。

br.ad.M.（2 月）© 惠一鸣

迁徙季见于中国中东部及南部地区，性隐秘，冬季在草丛、灌丛及靠近湿地的芦苇丛悄然活动觅食。

本种雄鸟因羽色靓丽、鸣唱悦耳动听，是我国传统的笼养鸟，民间俗称“红点颏”。野外大肆猎捕致使种群数量遭受严重威胁，2021 年 2 月发布的《国家重点保护野生动物名录》新增本种为国家二级重点保护动物。

红喉歌鸲学名的属名和种加词均为“*calliope*”，出自希腊语，由“*kallos*”（美丽的）+“*ops*”（声音）组成，意指本种擅长鸣唱的特性。

ad.F. 或 1-w.（2 月）© 张浩勇

红胁蓝尾鸲

Tarsiger cyanurus Orange-flanked Bluetail

雀形目 · 鹟科

13—15cm 冬候鸟 ★★★★★ LC

嘴、脚黑色，雌雄羽色相异。雄鸟繁殖羽体上辉蓝色，眉线白，仅眼前明显，眼先及耳羽蓝黑色，飞羽黑褐，喉及体下白，两胁鲜明的橙黄色。雌鸟体上橄褐，尾羽蓝色，无眉线，眼圈白，喉白，腹污白，两胁橙黄色稍暗淡。秋冬季经常看到的红胁蓝尾鸲似乎多是朴素的雌鸟模样，但分子生物学研究发现，约70%的"妹子"其实都是年轻小伙儿。雄鸟一龄冬羽仍保持类似雌鸟的暗淡羽色，鸟类学家称之为"羽色延迟成熟"（Delayed Plumage maturation，DPM）现象。有些雄鸟一龄冬羽翼角可见蓝色斑，胁橙黄色及腰至尾羽蓝色较鲜明。

ad. M. © 尹勇

1-w.M.（3月）© 郁滔

ad. F. © 尹勇

繁殖区广布于亚欧大陆北部从芬兰至日本、中国东北地区，越冬于亚洲东南部、日本南部、中国台湾地区。迁徙季甚常见候鸟，多在林下地面或灌丛间跳跃觅食，停歇时常微微扇动翅膀，并上下弹尾，主食各种昆虫，秋冬季也会以植物果实和种子为食。

本种属名"*Tarsiger*"由拉丁语"*tarsus*"（踝部、平面的）+"*ger*"（忍受、携带）组成，意指本种地栖性觅食的特点；种加词"*cyanurus*"是暗蓝色的，形容雄鸟最突出的羽色特征。

北红尾鸲

Phoenicurus auroreus　Daurian Redstart

雀形目·鹟科

14—15cm　冬候鸟　★★★★★　LC

雄鸟色彩艳丽，头顶至后颈银灰，脸、喉、背、翅黑色，体下栗红。雌鸟色彩较暗淡。雌雄均有醒目白色倒三角形翼斑，尾羽栗红，中央尾羽黑褐。雄鸟一龄冬羽羽色较浅而偏褐。

ad. M. © 张浩勇

ad. F. © 张浩勇

繁殖区广布于亚欧大陆中、东部，越冬于朝鲜半岛中南部、日本南部、中国东部沿海及印度东北部，是东亚地区常见冬候鸟。冬季栖于低地落叶矮树丛及耕地，喜单独活动，领域性强，不甚惧人，常立于突出的栖处，尾不停颤动。

本种属名“*Phoenicurus*”由“*Phoinikos*”（红色）+“*oura*”（尾巴）组成；种加词“*auroreus*”意为黎明、太阳升起，可能是形容北红尾鸲腹面鲜艳的红色好像朝阳。

1-w. M. © 尹勇

东亚石䳭

Saxicola stejnegeri　Stejneger's Stonechat

雀形目 • 鹟科

12—13cm　旅鸟　★★★　NR

原为黑喉石䳭 *Stejnegeri* 亚种（东北亚种），现为独立鸟种。虹膜黑褐，嘴及脚黑色。雄鸟繁殖羽头全黑，具宽阔白色半颈环，体上及尾羽黑褐，翼上可见白色长条斑，腰及尾上覆羽白色，胸、胁淡棕红，腹以下灰白色。雌鸟头及体上灰褐，翼上白斑明显较雄鸟小，喉灰白，胸、胁沾淡棕色。雄鸟非繁殖羽似雌鸟，但羽色更偏棕色，脸颊仍可见黑色轮廓。雄鸟因季节及个体差异，羽色变化较大。

ad. M.（11 月）© 王威

br. ad. M.（5 月，江苏东台）© 张浩勇

non-br. ad. M.（11 月）© 尹勇

ad. F.（4 月）© 沈晓玮

国内繁殖于东北、内蒙古东部及河北北部，迁徙经华北、华中、华东地区，越冬于长江中下游及以南地区，为较常见季候鸟。喜农田、湿地、灌丛或林缘开阔生境，单独活动，主食昆虫，亦食蚯蚓、蜘蛛及种子。

麻雀

Passer montanus Eurasian Tree Sparrow

雀形目 · 雀科

14—15cm 留鸟 ★★★★★ LC

成鸟头颈栗色，颊有明显黑色斑块（与山麻雀的重要区别），喉黑，背及翼红棕，具黑色纵斑，有 2 条淡色翼带。

ad. © 尹勇

ad. © 尹勇

常见于人类居住地周围，从闹市到偏远乡村的绿地、公园和农田都有其身影。喜成群在树林或地面活动觅食，以草籽、谷类、果实及昆虫为食。以蹦跳方式前进，在泥沙地以身体滚动沙土进行沙浴。

白腰文鸟

Lonchura striata White-rumped Munia

雀形目 · 梅花雀科

11—12cm 留鸟 ★★★★★ LC

嘴粗壮、铅灰色，头前部至喉黑色，颈、胸棕褐，密布皮黄色鳞状斑。体背及臀羽灰褐至棕褐，具白色细纵纹，腰白而醒目，腹灰白具暗色纵纹，翼及尾羽黑褐，尾呈楔形。

ad. © 张浩勇

ad. © 尹勇

性喧闹吵嚷，常呈家族群活动，以植物种子为主食，特别喜欢稻谷，在夏季也吃一些昆虫和未熟的谷穗、草穗。

斑文鸟

Lonchura punctulata Scaly-breasted Munia

雀形目 · 梅花雀科

10—12cm 留鸟 ★★★ LC

嘴及脚铅灰色，眼周及喉黑褐，体上及尾羽褐色，腹面灰白，具浓密褐色鳞纹，无白腰。亚成鸟整体羽色暗淡，腹面无鳞纹。

ad. © 惠一鸣

juv.© 郁滔

结小群活动于草地、农田、树林、灌丛等生境，也会与其他小型鸟类一起活动，喜啄食草籽、果实。

白鹡鸰

Motacilla alba White Wagtail

雀形目・鹡鸰科

16—18cm 留鸟 / 冬候鸟 / 旅鸟 ★★★★★ LC

体羽体上灰或黑色，体下白，两翼及尾黑白相间，头颈部、喉、胸及背部的黑色范围和纹样随亚种及雌雄、季节而异。

M.a. ocularis（灰背眼纹亚种）br.ad. © 沈晓玮

M.a. ocularis（灰背眼纹亚种）non-br.ad. ©尹勇

喜在近水的开阔地带、稻田、溪流边及道路上活动，受惊扰时边叫边以波浪式飞行，行走时尾巴会不断上下摆动。以昆虫及种子为食。亚种较多，常州城区最常见的是普通亚种*M.a.leucopsis*（留鸟），*M.a.ocularis*和*M.a.lugens*亚种相对少见；*M.a.baicalensis*（东北亚种）甚少见，为冬候鸟或迁徙过境旅鸟。

M.a.leucopsis（普通亚种）ad.M.©沈晓玮

M.a. lugens（黑背眼纹亚种）ad.© 沈晓玮

M.a.leucopsis（普通亚种）ad.F.© 尹勇

M.a.baicalensis（东北亚种）ad.© 沈晓玮

黄鹡鸰

Motacilla tschutschensis Eastern Yellow Wagtail

雀形目 · 鹡鸰科

16—18cm 旅鸟 ★★★★ LC

指名亚种 *M.t.tschutschensis* 雄鸟繁殖羽头颈灰蓝，雌鸟头颈褐色，白眉线均明显。*M.t.taivana* 亚种两性头颈及体上均橄榄褐色，具宽阔的黄色眉线，雄鸟羽色更深，雌鸟应注意与黄头鹡鸰雌鸟相鉴别，后者额基黄色，灰色耳羽与枕部不相连，翼斑宽而白。

M.t.taivana br.ad.（4 月）© 尹勇

M.t.taivana non-br.ad.（1 月）© 王威

迁徙季及越冬时集群活动，在河岸、沼泽、芦苇湖边及农田等潮湿的低草生境捕食昆虫，停立时上下抖动尾部，呈波浪状飞行。

东亚地区常见迁徙鸟类，按照 IOC 分类系统，黄鹡鸰现分为四个亚种，各亚种间有所差异，常州地区迁徙过境的目前有指名亚种 *M.t.tschutschensis*（白眉黄鹡鸰）和 *M.t.taivana* 亚种（黄眉黄鹡鸰）。

M.t.tschutschensis br.ad.M.（4 月）© 张浩勇

M.t.tschutschensis br.ad.F.（5 月）© 惠一鸣

黄头鹡鸰

Motacilla citreola Citrine Wagtail

雀形目 · 鹡鸰科

16—20cm 旅鸟 ★★ LC

雄鸟繁殖羽头及体下鲜黄，尾下覆羽白色，后颈具宽大的黑色带，背、腰鼠灰，翼带宽白，尾羽黑，外侧尾羽白。雌鸟色淡，体上灰，额基、颈、胸浅黄，体下近白，耳羽被淡黄色耳纹包绕形成孤立灰色耳斑。

br.ad.M.© 蒋徐阳

br.ad.M.© 郁滔

指名亚种 *M.c.citreola* 繁殖于西伯利亚中部地区、蒙古和中国东部，迁徙时经过中国东部，越冬于中国东南部、南亚、东南亚，迁徙及越冬时通常更喜湿地活动。为不常见旅鸟，习性似黄鹡鸰，有时会涉水而行，在水边搜寻食物。

灰鹡鸰

Motacilla cinerea Grey Wagtail

雀形目・鹡鸰科

17—20cm 留鸟 / 旅鸟 ★★★ LC

东亚地区体型最大且尾最长的鹡鸰，尾长超过体长。嘴黑褐，脚粉灰色。雄鸟繁殖羽颏及喉黑，白色的眉线及颊纹与深灰色头颈部及耳羽对比明显，背橄绿，两翼及尾羽黑，外侧尾羽白色，体下鲜黄，两胁白。雄鸟非繁殖羽及雌鸟颏及喉白色，眉线不甚明显，腹面黄色较淡，尾下覆羽鲜黄。一龄冬羽似雌鸟，但体上偏褐色，腹面黄色更淡，尾下仍鲜黄色。

br.M.（4 月）© 惠一鸣

1-w.（2 月）© 郁滔

non-br.ad.（11 月）© 尹勇

喜活动于多岩石的溪流边和河岸边（生境类似白额燕尾），亦可见于公园或小区的潮湿积水生境，有时停栖于水边树上，多单独或成对活动，行走时持续上下摆尾，以水边昆虫为主食。

理氏鹨

Anthus richardi Richard's Pipit

雀形目 · 鹡鸰科

17—18cm 旅鸟 ★★★★ LC

嘴较长而粗壮，脚粉红色，后爪甚长，腿长而显站姿格外挺拔。眉线乳黄色，眼先及喉白，耳羽褐色，有黑褐色颚线。体上暖褐，胸胁皮黄，腹以下白，头顶、体背及颈胸部均具黑褐色纵纹。

ad.© 惠一鸣

ad.© 尹勇

过境时常见于开阔水边草地、农耕地、河滩、荒地，单独或小群于地面觅食，以昆虫、幼虫及草籽等为食。

树鹨

Anthus hodgsoni　Olive-backed Pipit

雀形目 • 鹡鸰科

15—17cm　冬候鸟　★★★★★　LC

中等大小的鹨，上嘴色深，下嘴肉褐，脚淡粉。头顶具深色细纵纹，侧冠纹黑色，白色眉线清晰，耳羽暗褐色，耳后有一白斑，其下方另见一黑斑，喉部有黑色颚线。体上橄榄绿色，具不明显黑褐色纵纹，具两道白色翼斑。两胁皮黄，胸、胁黑色纵纹明显，腹及尾下覆羽白。

ad.© 王威

ad.© 尹勇

东亚常见旅鸟或冬候鸟，国内在长江以南越冬，喜栖于平原至中海拔有树林的开阔草地、农田、草坡及公园林地。单独或小群于地面取食昆虫及草籽，尾部上下摆动，遇惊扰时飞至附近树上。

本种属名“*Anthus*”来源于希腊语，意为花朵，命名可能与同科的鹡鸰鸟类鲜艳的羽色有关；种加词“*hodgsoni*”是为了纪念英国博物学家 Brian Houghton Hodgson（1800—1894），他在描述尼泊尔的鸟类和哺乳动物方面取得了巨大成就。

雀形目

北鹨

Anthus gustavi Pechora Pipit

雀形目 · 鹡鸰科

14—15cm 旅鸟 ★★ LC

上嘴黑褐，下嘴粉红，脚粉红色（红喉鹨下嘴及脚偏黄褐），眉线白，眼先暗褐，耳羽褐色，颏、喉奶油白色，有黑褐色颚线，头上黑色细纵纹，体背棕褐，具明显白粗纵纹。翼上两条明显白色翼带（较红喉鹨显著），胸、两胁带明显米黄色，并具粗著黑褐色纵纹，与腹部白色对比明显。本种初级飞羽较三级飞羽突出明显，这是与红喉鹨一龄冬羽的重要辨识特征。

ad.（4月）© 尹勇

ad.（5月）© 惠一鸣

指名亚种 *A.g.gustavi* 繁殖于东亚北部的楚科奇至堪察加半岛，越冬于菲律宾和印尼，迁徙经过中国东北和东部沿海地区，过境时喜开阔湿润的草地、沿海湿地、河滩及水田耕地。单独或小群于地面觅食，主食昆虫。常州地区4月底—5月初、9月在邻近湿地的开阔草地生境可留意观察，春季迁徙时鸣唱为连续多变的“唧—唧—唧”声，夹杂干涩的“嘶—嘶”颤音。

红喉鹨

Anthus cervinus Red-throated Pipit

雀形目 · 鹡鸰科

14—15cm 旅鸟 ★★★ LC

嘴较短而细，深褐色，下嘴基肉褐，脚粉褐色。雄鸟繁殖羽头上具深色细纵纹，脸、喉至胸呈醒目而均匀的栗红色，体背灰褐，具深色粗纵纹，两条淡色翼带不甚明显，胸胁黑褐色纵纹较稀疏。雌鸟繁殖羽喉、胸红色较淡而局限。非繁殖羽及一龄冬羽无栗红色，具黑色颚线，胸胁部纵纹更显粗著，缺乏北鹨胸、腹部的色差对比。初级飞羽较短，停栖时被三级飞羽覆盖。

br.ad.F.© 惠一鸣

br.ad.M.© 尹勇

1-w.© 惠一鸣

繁殖于北欧至白令海峡的苔原草地，越冬于非洲、南亚及东南亚，过境时常见于平原湿地、沼泽、水田及草地。单独或小群于地面觅食，尾部不时上下摆动，以昆虫、幼虫及草籽等为食。

黄腹鹨

Anthus japonicus Siberian Pipit

雀形目・鹡鸰科

14—17cm 冬候鸟 / 旅鸟 ★★★★ LC

非繁殖羽整体偏灰褐色，上嘴黑褐，下嘴黄褐，脚肉褐色。枕、背部深灰，无明显色差，背部及头顶纹较模糊，白色眉线不完整，仅于眼后。眼先淡，无明显过眼线，颈侧黑色三角形斑块（领口）醒目，胸及两肋黑色纵纹较密集，腹面污白。繁殖羽整体灰褐色较非繁殖羽偏淡，翼带稍不明显，颚线及胸部纵纹不及非繁殖羽粗显，腹面整体淡粉色。

non-br.ad.© 尹勇

br.ad. © 王昕

A.j.japonicus 亚种是东亚地区常见冬候鸟或旅鸟，繁殖于俄罗斯远东地区，越冬于日本、朝鲜半岛，中国东部沿海、华南地区及印度东部。常见于沼泽、河岸、水田等湿地生境，单独或小群于地面觅食，尾部不时上下摆动，以昆虫、草籽等为食。常州地区冬季黄腹鹨非繁殖羽应注意与水鹨相鉴别。

水鹨

Anthus spinoletta Water Pipit

雀形目 • 鹡鸰科

15—17cm 冬候鸟 ★★★ LC

非繁殖羽整体较素净，上嘴黑褐，下嘴黄褐，脚黑褐色。枕偏灰、背褐，有色差对比，背部有不清晰纵纹，头顶细纹稍显模糊，白色眉线较完整而清晰。眼先暗色，有较明显黑色过眼线，腹面素白，颈侧及上胸可见暗色纵纹，至两胁纵纹细而稀疏。繁殖羽头枕与背部色差对比更为明显，胸及上腹为素净粉黄色，胸、胁纵纹稀疏或无。

br.ad. © 尹勇

non-br.ad. © 张浩勇

繁殖于欧洲西南和中国中西部地区，越冬于非洲北部、中东、中国东部沿海及华南地区，生境及习性类似黄腹鹨。

燕雀

Fringilla montifringilla Brambling

雀形目・燕雀科

13—16cm 冬候鸟 ★★★★ LC

繁殖期雄鸟头至上背整体黑色，喉、胸、肩羽橙色，两胁具黑色纵纹，腹灰白，翼及叉形尾黑色。非繁殖期雄鸟头、背部黑色变得斑驳，脸颊仍残留黑色痕迹。雌鸟整体羽色较雄鸟明显浅淡，头部呈灰褐色。飞行时，白腰与翼上橙色、黑色图案对比明显。

ad. F. © 尹勇

br.ad.M.© 王昕

燕雀广泛分布于亚欧大陆北部至俄罗斯远东地区，越冬于欧洲南部、北非、中东、朝鲜半岛、日本、中国东北至华南，越冬时常集群于针落叶混交林及林缘地带、农田活动。常州秋冬季的各种林地都是观察它们的合适场所。

司马迁在《史记·陈涉世家》中有一名句：“嗟乎，燕雀安知鸿鹄之志哉！”显然，此燕雀非彼燕雀，这里比喻见识短浅的人。

黑尾蜡嘴雀

Eophona migratoria　Chinese Grosbeak

雀形目・燕雀科

15—18cm　留鸟　★★★★★　LC

嘴粗壮厚实，橙黄色，先端黑，虹膜深红色。雄鸟具完整黑色头罩，体上灰褐色，翼及尾羽黑色，翼尖及飞羽基部有白斑，体下灰色，两胁棕红色明显。雌鸟羽色较淡，头不黑，整体灰褐色，翼上白斑较小，胁棕色较淡。

ad. M. © 惠一鸣

常群体活动于山地阔叶林、针叶林或公园大树上，厚实的大嘴善于嗑开坚果外壳，也吃浆果和昆虫。如果发现树下大片的种壳碎屑以及树上层传来轻柔的嗑瓜子般细碎声音，可留意观察。

繁殖期雄鸟鸣唱悦耳婉转，旋律富有变化，常因此被非法野捕笼养，野外种群数量受到威胁。

ad. F. © 尹勇

黑头蜡嘴雀

Eophona personata　Japanese Grosbeak

雀形目・燕雀科

18—23cm　旅鸟　★★　LC

体大而壮实，雌雄同型。成鸟黑色头罩范围较黑尾蜡嘴雀小，仅至眼下，嘴更大且全黄，翼及尾羽黑色。初级飞羽中部具白色小块斑，翼尖黑色而非白色，胁部无棕色。

ad. © 张浩勇

在迁徙季节结群飞行，可见于各种地形环境，以野生植物的种子、果实、嫩芽为食。常州地区为少见的迁徙过境季候鸟。

本种拉丁属名“*Eophona*”来自希腊语，“*eo*”表示黎明，“*phon*”表示鸣声，意指黎明时分喜欢鸣唱的鸟；种加词“*personata*”表示戴面具的，是对本种头部黑色区域的生动诠释。

ad. © 惠一鸣

金翅雀

Chloris sinica　Grey-capped Greenfinch

雀形目 · 燕雀科

12—14cm　留鸟　★★★★★　LC

嘴粗壮，肉粉色。成鸟头颈部橄褐色，眼先黑，体背及翼覆羽深褐色，翼尖黑色并具金黄色翼斑，尾羽黑色，尾羽基部外侧及尾下覆羽黄色。幼鸟色淡且多纵纹。

juv.© 尹勇

ad. M. © 尹勇

栖于灌丛、农田、旷野、林缘地带，常集群活动，以草籽、谷类及小昆虫为食。喜边飞边叫，鸣叫声为易识别的连串微弱带颤音的“唧—唧—唧”，鸣唱为略显沙哑的长音。

黄雀

Spinus spinus Eurasian Siskin

雀形目 · 燕雀科

11—12cm 冬候鸟 ★★★★ LC

成年雄鸟头顶、眼先及颏黑色，脸侧至上腹鲜黄，耳羽及体背黄绿色，翼黑，具两道醒目的鲜黄色翼斑。雌鸟羽色黯淡，头部无黑色，整体少黄色而多纵纹。

ad.M. © 尹勇

繁殖于中国东北的大小兴安岭，迁徙时见于中国东部，越冬在长江下游、华南及华东沿海地区。黄雀是常州较常见的燕雀科冬候鸟，喜集群活动于各种林地，采食种子、嫩芽及草籽等。

成语“螳螂捕蝉，黄雀在后”出自西汉文学家刘向著《说苑 · 正谏》，文中载：“园中有树，其上有蝉，蝉高居悲鸣饮露，不知螳螂在其后也！螳螂委身曲附，欲取蝉，而不知黄雀在其傍也！”文中“黄雀”是隐喻只顾眼前利益而不考虑身后忧患的人，根据季节、习性等判断，并非我们现在所看到的黄雀。

ad. F. © 张浩勇

栗耳鹀

Emberiza fucata　Chestnut-eared Bunting

雀形目 • 鹀科

15—16cm　旅鸟 / 冬候鸟　★★　LC

体型较大的鹀类，雄鸟繁殖羽头顶及枕部灰色，具栗红色耳羽及白眼圈，耳羽后缘有一白色点斑，喉及颊纹白色，颚线粗黑。胸白并具黑色细纵纹，其下缘有一醒目的栗色横带，构成独特的白、黑、栗三色胸带。背灰褐，具黑色纵纹，肩羽及腰棕色，腹由暖褐渐转白色。雌鸟羽色明显较淡，胸部黑色纵纹细弱，无栗色胸带。

ad.M.（1 月）© 郁滔

繁殖于喜马拉雅山脉至东亚、东北亚地区（包括俄罗斯远东、中国东北、朝鲜半岛、日本），越冬于中国南部、东南部及东南亚。栖息于开阔的农田、荒地和低地的林缘灌丛，尤喜湿地周围的芦苇、草地。常单独活动，以草籽为食，也捕食昆虫。

本种属名“*emberiza*”来源于德语“*emmeritz*”，意即鹀；种加词“*fucata*”意为颜料、油漆、染料，这里应该是特指栗耳鹀繁殖羽艳丽的耳羽和羽色丰富的胸带。

ad. F.（4 月）© 惠一鸣

雀形目

小鹀

Emberiza pusilla Little Bunting

雀形目 · 鹀科

12—14cm 冬候鸟 ★★★★ LC

体型娇小紧凑，嘴短小、灰色，眼圈白。雄鸟繁殖羽脸颊、喉上部浓重栗红色，侧冠纹粗黑，具黑色颚线，栗色耳羽后缘有一小白斑，外缘被粗黑线包绕。体背及胸胁具黑色纵纹，有两条白色翼带，腹面灰白，尾羽黑褐，外侧白。雌鸟及一龄冬羽似成年雄鸟，但脸颊栗红色较淡，喉白而无栗红色。

ad. F. 或 1-w（11 月）© 王威

广布于亚欧大陆斯堪的纳维亚半岛北部至俄罗斯东部地区，越冬于西伯利亚南部、中亚及中国长江以南大部地区。喜成群或单独出现于开阔荒草地、农田、芦苇丛及山区林缘地带。性羞怯，以草籽为食，也捕食昆虫。

br. ad. M. （4 月）© 张浩勇

白眉鹀

Emberiza tristrami　Tristram's Bunting

雀形目・鹀科

14—15cm　旅鸟 / 冬候鸟　★★　LC

繁殖羽雄鸟易于识别，黑色的头、喉部与宽阔的白色眉线及颊纹对比明显，上背灰褐，具黑色纵纹，腰及尾上覆羽栗红，但无斑，胸、胁淡褐并具深色纵纹。雌鸟及非繁殖期雄鸟色淡，头部灰褐色而非黑色，颏、喉近白色。

ad. M. © 惠一鸣

ad. F. © 惠一鸣

繁殖于西伯利亚东部、中国东北，越冬至中国南方、中南半岛北部。偏好山地森林、林缘、沟谷草地等生境，单独或成对活动，常于林下灌丛或地面取食，以昆虫、草籽及浆果为食。

本种由英国著名博物学家、外交官罗伯特·斯文侯（R.Swinhoe）于1870年命名，模式产地在福建厦门。拉丁属名“*emberiza*”来源于德语“*emmeritz*”，意即鹀；种加词“*tristrami*”以纪念英国博物学家亨利·特利斯特拉姆（Henry Tristram）。

黄眉鹀

Emberiza chrysophrys Yellow-browed Bunting

雀形目 · 鹀科

14—15cm 旅鸟 / 冬候鸟 ★★ LC

繁殖羽雄鸟似白眉鹀，但眉线前黄后白，喉及颊纹白色，颚线粗黑，黑色耳羽后缘见一明显白斑。体下近白，多黑褐色纵纹，翼斑白，腰及尾上覆羽棕红，羽轴暗褐色。雌鸟羽色较淡，耳羽褐色，外缘黑褐，似黄喉鹀雌鸟，但黑色颚线、胸口的黑褐色纵纹、棕红色的腰有助辨别。

ad. F. © 张浩勇

繁殖于西伯利亚中、东部及蒙古极北部，迁徙经中国东部，越冬于长江以南地区。单独或小群活动于次生林、湿地灌丛及有林地的田野，性机警，安静于地面觅食。

本种拉丁属名“*emberiza*”来源于德语“*emmeritz*”，意即鹀；种加词“*chrysophrys*”由“*chrys*”（金色）+“*ophrys*”（眼纹）组成。

ad. M. © 王威

黄喉鹀

Emberiza elegans Yellow-throated Bunting

雀形目 · 鹀科

15—16cm 冬候鸟 ★★★★★ LC

雄鸟繁殖羽短冠羽黑色，黑色面罩与鲜黄色的眉线及喉部对比明显，胸口具大块黑斑，背淡褐，具棕褐色纵纹。尾羽黑褐色，外侧尾羽白色，腹白，两肋具褐色纵纹。指名亚种 *E.e.elegans* 后颈及腰部呈浅灰色。雌鸟羽色黯淡，短冠羽及耳羽暗褐色，眉线及喉黄色较浅，胸无黑斑。

ad. M. © 王昕

ad. F. © 郁滔

指名亚种 *E.e.elegans* 繁殖于西伯利亚东南部、中国东北、朝鲜半岛及日本，越冬于中国东南沿海及日本。单独或小群出现于开阔的阔叶林、山区的林缘、灌丛地带及农田，于地面取食，性机警安静，受惊扰即隐入树丛中。

田鹀

Emberiza rustica Rustic Bunting

雀形目 · 鹀科

13—15cm 冬候鸟 ★ ★ ★ VU

体型偏小而紧凑，雄鸟繁殖羽短羽冠及脸颊黑色，眉线、喉、颊纹白色，髭线黑色，耳羽后方有白斑。后颈栗红，背褐具黑色纵纹，翼上有两条白色翼带，腰及尾上覆羽具细密的栗红色鳞纹。体下白，上胸散在栗红色，并延伸至两胁。雌鸟头部几无黑色，胸、胁栗红色较浅，整体羽色较淡。

ad. F. © 王昕

br. ad. M.（3 月）© 钱旻罡

ad.F.（1 月）© 王昕

繁殖于亚欧大陆北部，越冬于日本北海道南部、朝鲜半岛和中国东部。越冬时栖息于低地树林、山地森林、湿地周围河岸、农田有人工林的生境，多单独或小群活动，于地面取食，不甚惧人，迁徙时常集群或与其他鹀类混群。

黄胸鹀

Emberiza aureola　Yellow-breasted Bunting

雀形目 · 鹀科

14—15cm　旅鸟　★★　一级　CR

雄鸟繁殖羽头部具宽阔的黑色眼罩，体上栗色，翼具醒目的宽白色翼斑，栗色胸带与鲜黄色体下形成鲜明对比，两胁具深褐色细纵纹。雄鸟非繁殖羽羽色转淡，头罩及栗色胸带模糊。雌鸟似雄鸟非繁殖羽，但体型较小，具宽阔的淡色眉线，耳羽外缘黑褐，无明显颚线，无栗色胸带。体上灰褐，有淡色翼带但无大块白斑，腹面黄色稍淡，胸、胁具稀疏细纵纹。

br.ad.M. © 尹勇

繁殖于亚欧大陆北部和东部，迁徙经中国东部及西部地区，越冬于中国南部和东南亚。越冬和迁徙活动于湿地边缘以及平原的灌丛、稻田，与其他鹀类混群觅食。常州于 4 月底—5 月初和 10 月份，在湿地周围农田可见。

ad.F. © 郁滔

在过去的十余年间，由于部分地区以所谓“食用滋补”为目的对黄胸鹀的大肆猎捕，黄胸鹀种群数量急剧下降，IUCN 受胁等级经历令人震惊的“四级跳”，由 2000 年的无危（LC）升级为 2017 年的极度濒危（CR）。2021 年 2 月，国家林业和草原局将黄胸鹀由普通的“三有”保护级别直接升级为国家一级重点保护级别。近年迁徙季各地野外观测的黄胸鹀并非罕见，提示随着保护意识的加强，黄胸鹀种群数量可能有所恢复。

本种拉丁属名“*emberiza*”来源于德语“*emmeritz*”，意即鹀；种加词“*aureola*”意为金色的、华丽的、珍贵的，这里是指雄鸟繁殖羽靓丽的羽色。

灰头鹀

Emberiza spodocephala　Black-faced Bunting

雀形目 · 鹀科

13—16cm　冬候鸟　★★★★★　LC

E.s.spodocephala（指名亚种），东亚最常见的鹀类。繁殖期雄鸟头至上胸深灰色，眼先及颏黑，背浅褐，具黑色纵纹，腹面皮黄，两胁具深褐色纵纹。雌鸟整体褐色，眉线及颊纹皮黄，颚线黑，腹污白或浅黄色。

E.s. spodocephala M. © 尹勇

繁殖于西伯利亚东北部、中国东北及朝鲜半岛，越冬于中国东部和南部。越冬时常单独或小群活动于平原、丘陵的林地、灌丛、农田及湿地周围芦苇丛。性机警，常弹尾，于地面取食，以草本植物种子为食，亦食昆虫。

E.s. spodocephala F. © 尹勇

Emberiza personata M. （日本关西）© 尹勇

E.s.personata 亚种（日本亚种）似 *sordida*，雄鸟眼后具淡黄色细眉线，雌、雄两性喉与腹面黄色及两侧纵纹均较另两亚种更显著。IOC12.1 版已将该亚种从灰头鹀中拆分为独立种 *Emberiza personata*，中文名为日本灰头鹀。繁殖于俄罗斯库页岛南部、日本中北部，越冬于日本南部，国内罕见于东部沿海地区。

E.s. sordida M. © 黄凤英

E.s.sordida 亚种雄鸟头胸部深橄榄绿色，颏及眼先黑色更为明显，腹面黄色鲜明，胸腹分界更为清晰。繁殖于中国中东部，越冬于中国西南、华东至华南地区，尼泊尔中部至印度东北部以及东南亚北部地区。

苇鹀

Emberiza pallasi　Pallas's Bunting

雀形目・鹀科

12—14cm　冬候鸟　★★★★★　LC

较芦鹀体型小而紧凑，头小，嘴短，嘴峰直，嘴端尖细，小覆羽灰色，腰及尾上覆羽灰褐色。雄鸟繁殖羽头罩黑色，颊纹宽白，后颈及体下白色，体背灰褐，具黑色纵纹。雄鸟非繁殖羽羽色转淡，头部黑褐色交杂，喉黑色渐淡，后颈皮黄。雌鸟整体暖褐色，眉线及体下皮黄，胁侧具稀疏纵纹。

non-br.ad. M.（2 月）© 郁滔

E.p.polaris 亚种分布于西伯利亚北部、俄罗斯远东地区，越冬于亚洲东部沿海。越冬时活动于沼泽湿地边缘的灌丛、芦苇、农田等生境。常集群活动，性活跃，在灌丛间反复穿梭，以草籽、谷物、昆虫为食。

本种的种加词“*pallasi*”，是为了纪念德国著名博物学家彼得・西蒙・帕拉斯（1741—1811）。